インプレスR&D［NextPublishing］

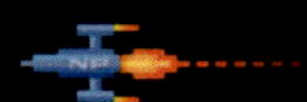

技術の泉 SERIES

E-Book / Print Book

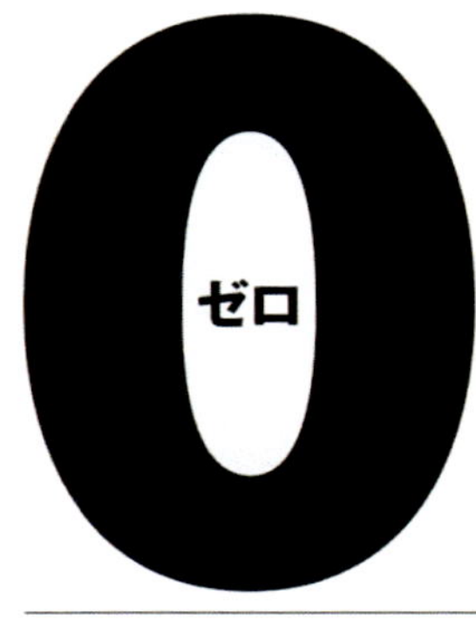

0から始める！
簡単！FreeNAS構築チュートリアル！

仲亀 拓馬 著

無料OS「FreeNAS」を使って
簡単ファイルサーバー構築！

目次

はじめに

この度は、本書を手にとっていただき誠にありがとうございます。

私は某クラウドサービスプロバイダーにて、エンジニア兼エバンジェリストをしております仲亀拓馬と申します。ネット上では「かめねこ」と名乗っています。前職で急遽、新規でNASを構築する必要があり、そのときに偶然自宅で触り始めたFreeNASを選択。そのまま触っているうちに気づいたら本書が出来上がりました。

本書は、世の中の多くの人々にFreeNASを知ってもらい、利用してもらうことを目的として執筆しました。現在は多くの会社が家庭向けNAS製品を出しています。それだけ、自宅にNASを置くことが一般的になりました（自宅クラウドという言葉が聞かれるようになったのも最近のことです）。

そこで、改めて「自作NAS」というものを構築してみましょうというのが本書の目標です。皆さんは、自分でカスタマイズできるNASに興味はありませんか？余っているパソコンとハードディスクを追加し、家電量販店では高価なNASを、格安で構築してみたくはありませんか？さらには、NAS上で仮想マシンを構築して、自宅サーバーデビューもいかがでしょうか？これらを簡単に叶えられるのが、FreeNASです。

本書を読むことで、皆さんは前提知識ゼロで自宅NASが構築できます。もちろん、業務用のNASとしても問題ありません。FreeNASは非常に高性能で、一般の家庭からデータセンターまで幅広く利用できます。私も前職では、データセンターのお客様向けNASとして構築・提供していました。

本書では、1章から4章までにかけてFreeNASをゼロから構築する手順をご紹介します。もちろん、執筆時点(2019年7月)の最新情報です。そして、5章では構築後の運用時にあると便利ないくつかの手法をご紹介させていただきます。

FreeNASを知らない方や知っていたけど使っていなかった方は、ぜひ本書をきっかけにFreeNASを構築してみてください。

本書の目的

本書の目的はFreeNASを初めて触る方に向けて、インストールから設定までを行い、実際にNASを構築できるようにすることです。

本書の使い方

本書は実際にFreeNASを0から構築してファイル共有を行うまでをご紹介していますが、各項目は次の構成になっています。

1. 設定項目の説明
2. チュートリアルとして適用する設定内容
3. その他コラムなど

まず初めて利用される方は、2のチュートリアルとして設定する項目の説明とその内容を読んでいただき、それ以外は飛ばして構いません。

そして、FreeNASでの構築の流れの雰囲気を得たところで、改めて各設定項目(1)の説明を確認するとより深く理解が進むでしょう。チュートリアルとして流れで学ぶことも、各項目の辞書として利用することもできる構成としています。

本書の対象読者

- FreeNASを初めて触る人
- FreeNASをすでに運用している人
- 自宅NASの構築をしてみたい方
- 会社用にNASを作ってみたい方

本書を読み進めるにあたって必要なもの

本書では、実際に使用する環境ではなく、まずは雰囲気を掴んでいただきたいため、パソコン上の仮想化環境「Oracle VirtualBox」上に構築します。ですので、次のようなこれらを実行する環境が必要となります。とはいっても、通常のパソコンである程度スペックがあれば問題ありません。また、VirtualBoxではなく、実際に余っているパソコンや他のサーバーなどにインストールすることもできます。その場合は、ネットワーク構成などに相違がありますが、基本的にはそのままの内容で読み進めることができます。

- FreeNASを仮想的に構築するためのパソコン(Windowsなど)
- VirtualBox

対象バージョン

本書は、「2019年07月」時点の情報を元に、次のバージョンを利用しています。

- FreeNAS : FreeNAS11.2-U5
- VirtualBox : 6.0.0 r127566(Qt5.11.1)

免責事項

本書に記載された内容は、情報の提供のみを目的としています。したがって、本書を用いた開発、製作、運用は、必ずご自身の責任と判断によって行ってください。これらの情報による開発、製作、運用の結果について、著者はいかなる責任も負いません。

表記関係について

本書に記載されている会社名、製品名などは、一般に各社の登録商標または商標、商品名です。会社名、製品名については、本文中では©、®、™マークなどは表示していません。

底本について

本書籍は、技術系同人誌即売会「技術書典5」で頒布されたものを底本としています。

第1章　FreeNASとは？

FreeNASは、特別な知識がなくても自宅や会社に、簡単にNAS（Network Attached Storage）を構築することのできるオープンソースのOSです。FreeNASは非常に簡単かつ柔軟にNASを構築でき、一般家庭から大企業まで広く利用実績があります。また、ほぼ全ての作業をブラウザー上から行える「WebGUI」を備えており、コマンドを用いなくても運用が可能です。

FreeNASは、FreeBSDを元に構成されており、執筆現在(2019年07月)の「FreeNAS11.2-U5」では「FreeBSD11.2 STABLE」をベースとしています。Linuxとは異なるため、CLI周りなどに若干の操作感の違いはあるものの、LinuxなどのUNIX系OSに普段から触れている方であれば、トラブルシューティングや一部カスタマイズが可能です。

1.1　FreeNASの特徴

- SMB/NFS/iSCSI/AFP/WebDavなどの多くのプロトコルに対応した強力なファイル共有機能
- ほぼすべての操作をブラウザーから簡単に行えるWebインタフェース
- ZFS採用による、データ整合性、ソフトウェアRAIDや重複排除、スナップショット機能
- 一般的なメール・SNMPに加え、AWS SNSやSlackなどの多くの外部サービスへのアラート通知機能
- USBメモリーへインストール可能な軽量なブートイメージ
- ActiveDirectoryなどのディレクトリサービスを利用したユーザー管理機能連携
- プラグインを利用した、メディアストリーミングや自動バックアップなど、強力な拡張性
- FreeNAS上に仮想マシンを構築でき、シングルノードで簡単な仮想ホストサーバーとしての活用

1.2　FreeNASの参考情報

FreeNASの多くのドキュメントはまだ日本語の整備が追いついていないものがほとんどです。

本書はそういった状況で、まとまった日本語の情報を作るという目的のもと執筆しました。まずは本書をお読みいただき、本書に含まれない内容や新規の機能などについては次の公式サイトを確認ください。全て英語ですが、特別難しい英語というわけでもないため、機械翻訳にでもかけてゆっくりご確認ください。

- 公式サイト
  —http://freenas.org/

1.2.1　公式マニュアル

次のページにアクセスすることで、自動的に最新のリリースのドキュメントへリダイレクトされ

ます。

・https://www.ixsystems.com/documentation/freenas/

また、本書で紹介している「FreeNAS11.2-U5」のドキュメントは次のURLにあります。

・https://www.ixsystems.com/documentation/freenas/11.2-U5/freenas.html

1.2.2　公式ブログ

・http://www.freenas.org/blog/

第2章　FreeNASをインストールする

FreeNASは仮想サーバー、物理サーバー、パソコンなど多くのマシンにインストールできます。FreeBSDベースでカスタマイズされているため、後述するようないくつかの要件はありますが、基本的にはFreeBSDが動く比較的最近のハードウェアであれば動かすことが可能です。

今回は、FreeNASのインストール方法をご紹介することを目的として、比較的簡単に利用できる仮想化ソフトウェア「Oracle VirtualBox」を利用します。本来であれば、専用のマシンを用意すべきですが、まずはFreeNASの魅力を知ってもらうことや、間違えたときに簡単にやり直せるように練習目的としてVirtualBoxを利用します。なお、何かしらの動作環境があればいいだけなので、例えば「VMware Player」や「Microsoft Hyper-V」などや、いきなり物理マシンへインストールしていただいても問題ありません。ただし、ネットワーク構成やCD-ROMのマウント設定などがソフトウェアなどによって異なるため、VirtualBox以外の場合は、ご自身の環境に合わせてご確認をお願いします。

2.1　FreeNASの動作要件

はじめに、FreeNASの動作環境について確認しておきましょう。FreeNASの動作要件については、公式サイトやドキュメントに記載されています。

※バージョンによって要件は異なります。次の情報は執筆時点(2019年7月)時点のものです。併せて公式サイト[1]も確認しましょう。

表2.1: FreeNASの最小要件

Hardware	Requirements
CPU	マルチコア64Bitプロセッサ
メモリー	8GB以上
ブートディスク	8GB以上

FreeNASのハードウェアで重要なのはメモリーです。メモリーの要件は最小が8GBですが、更に1TBあたり1GBのメモリーが推奨値となります。つまり、8TBのNASを作る場合は、8GB + 8GBで16GBのメモリーが推奨値です。もちろん、推奨値なので8GBでも十分動作しますが、ZFSの仕様上、メモリーが多ければ多いほどパフォーマンスが非常に高くなる傾向があります。そのため、実際に構築される場合は、予算が許す限り、多くのメモリーを搭載することをおすすめします。また、SSDをキャッシュにする方法もありますが、これはある程度メモリーを増設した上で、より高速化を行う場合に選択されます。そのため、まずはメモリーの増設を優先しましょう。

1.https://freenas.org

Bootディスク用のサイズ最小要件として8GB、さらに16GBが推奨されています。FreeNASのフットプリントは非常に小さく、インストールイメージは執筆時点で最新の11.2-U5でも600MB程です。一般的なUSBメモリーやSDカードなどにインストールする方法もサポートされているため、そちらを利用したほうが無駄に物理ディスクやSATAコネクタなどを専有しなくて済むためおすすめです。また、通常はログなどもBootディスクに格納しますが、既存のログコレクタなどがあればぜひそちらを使用することをおすすめします。可能な限りBoot用ディスクにユニークな情報を持たせないことで、故障が起きてもすぐに復旧することができます。

更に、FreeNASではブートディスクの冗長化が可能です。そのため、ブートディスクについては、8GB程度のUSBメモリーやSDカードを用意するだけで十分です。

ただし、今回の目的は「FreeNASを体験すること」ですので、手軽に構築できるように最低要件よりも少し小さめに作ります。実際に本番環境に構築する場合は、前述の通り公式サイトの要件に従いましょう。

FreeNAS 9.2.19

実は、FreeNASにはバージョン9.2.19というものがあり、こちらは32Bitハードウェアなどのレガシーな環境をサポートしていました。

そのため、こちらも推奨ではありませんが、古いハードウェアであればバージョン9.2.19をインストールするのもひとつの手段です。ただし、ベースとなっているFreeBSD 9.2は2016年12月31日にサポートが終了しており、最新のパッチなどが適用されません。さらに、最新版で利用できる多くの機能が利用できないことや、WebGUIのレイアウトが大きく異なるなどの点に注意する必要があります。

万が一、利用する場合は、これらの点を十分熟知した上で利用しましょう。

・FreeBSD サポートが終了したリリース
—https://www.freebsd.org/ja/security/unsupported.html

2.2 VirtualBoxで仮想マシンを作成する

まずは、FreeNASを動作させるための仮想マシンを作成します。

本書では、表2.2の構成をVirtualBox上に作成します。本来であれば前述のようなスペックで用意すべきですが、FreeNASを触ってみることを目的としているため次のようなスペックとします。

表2.2: 本書で作成する構成

Hardware	Requirements
CPU	1コア
メモリー	4GB
ブートディスク	16GB
データ用ディスク	50GB x 4本

2.2.1 ISOイメージファイルをダウンロードする

公式サイトよりFreeNASのインストール用ISOイメージファイルをダウンロードしてきます。

公式サイトの、「About」 → 「Download FreeNAS」よりダウンロードリンクへ進みます。

図2.1: FreeNAS Download Link

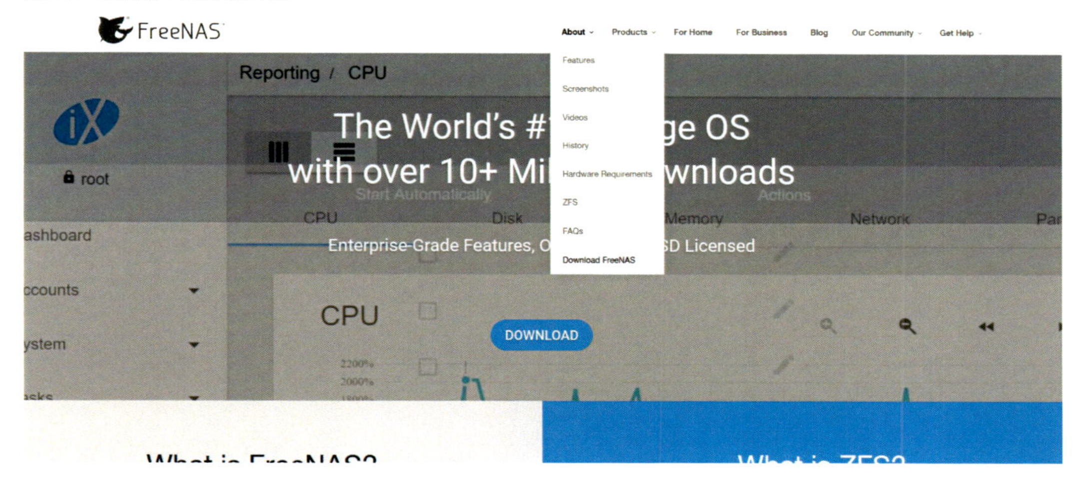

途中、News Letterの購読を勧められますが、画面下部の「No thank you, send me to the Download page please.」をクリックして購読せずともダウンロードは可能です。

図2.2: FreeNAS Download NewsLetter

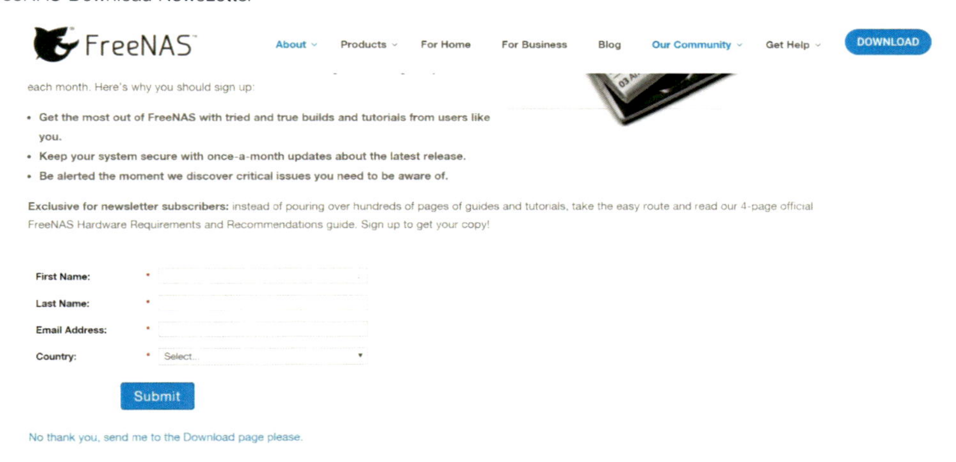

図2.3のようにダウンロードページへ進むと、次のようにふたつリンクがあります。

1. CURRENT STABLE RELEASE | NEW WEB INTERFACE
2. PREVIOUS STABLE RELEASE | LEGACY WEB INTERFACE

現在の最新の安定版は「CURRENT STABLE RELEASE | NEW WEB INTERFACE」なので、特に理由の無い限りはこちらをダウロードしましょう。また、「NEW WEB INTERFACE」では

WebGUIのデザインが大きく変更されています。それに伴い、いくつかの設定項目の場所なども変更となっているため、従来のインタフェースを利用していた方は注意が必要です。本書では、「URRENT STABLE RELEASE | NEW WEB INTERFACE」をベースに解説を行います。

「URRENT STABLE RELEASE | NEW WEB INTERFACE」側の「Download」をクリックしてISOイメージをダウンロードしましょう。

図2.3: FreeNAS Download Page

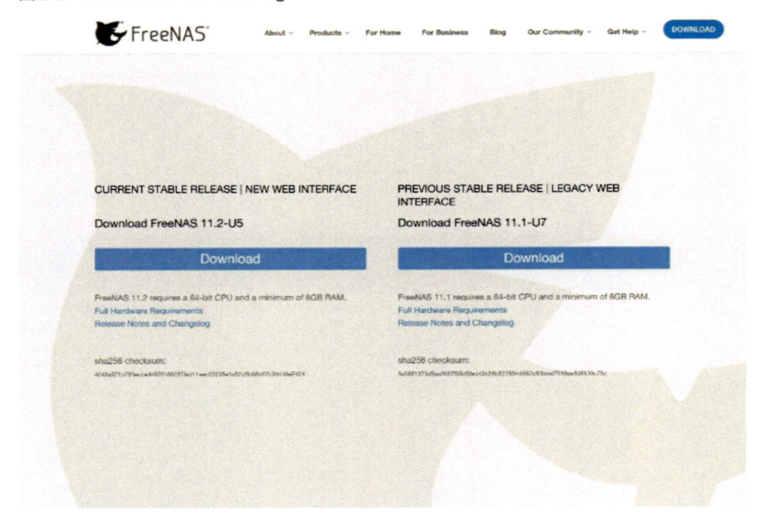

NEW WEB INTERFACE

実は、FreeNASは最近まで「LEGACY WEB INTERFACE」と呼ばれるWebインタフェースを利用していました。そして、その裏でベータ版という形で「NEW WEB INTERFACE」が用意されていました。これが、11.2より正式採用となり、デフォルトのインタフェースが「NEW WEB INTERFACE」に置き換えられました。「NEW WEB INTERFACE」では、AngulaベースのMaterial Designが採用されており、より直感的に、より先進的に操作することが可能です。

図2.4: 新しくなったFreeNASのWebインタフェース

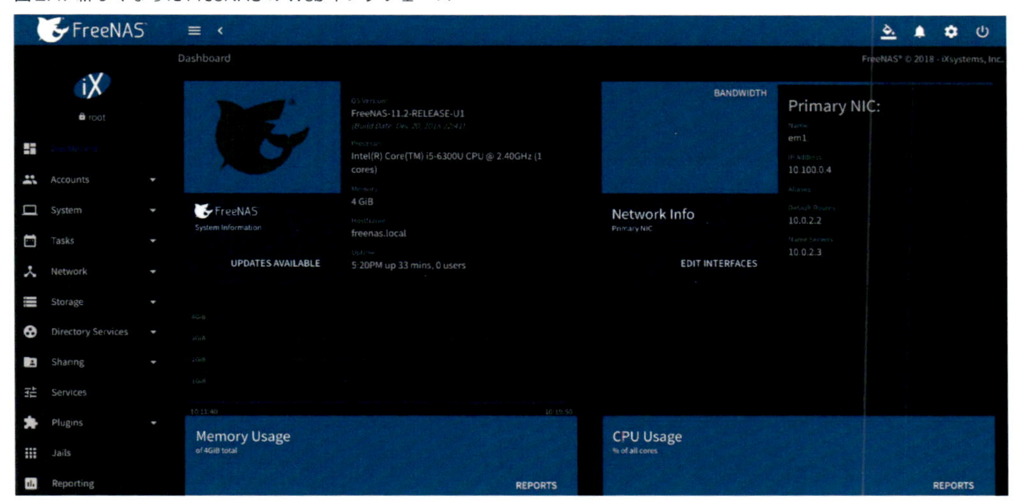

また、モバイル向けレイアウトも利用でき、パソコンを用いずとも手元で簡単にFreeNASの管理ができるようになりました。図2.5では、左から「ダッシュボード」、「メニュー」、「PoolManager」のページを表示しています。

図2.5: モバイルでも簡単に管理ができる

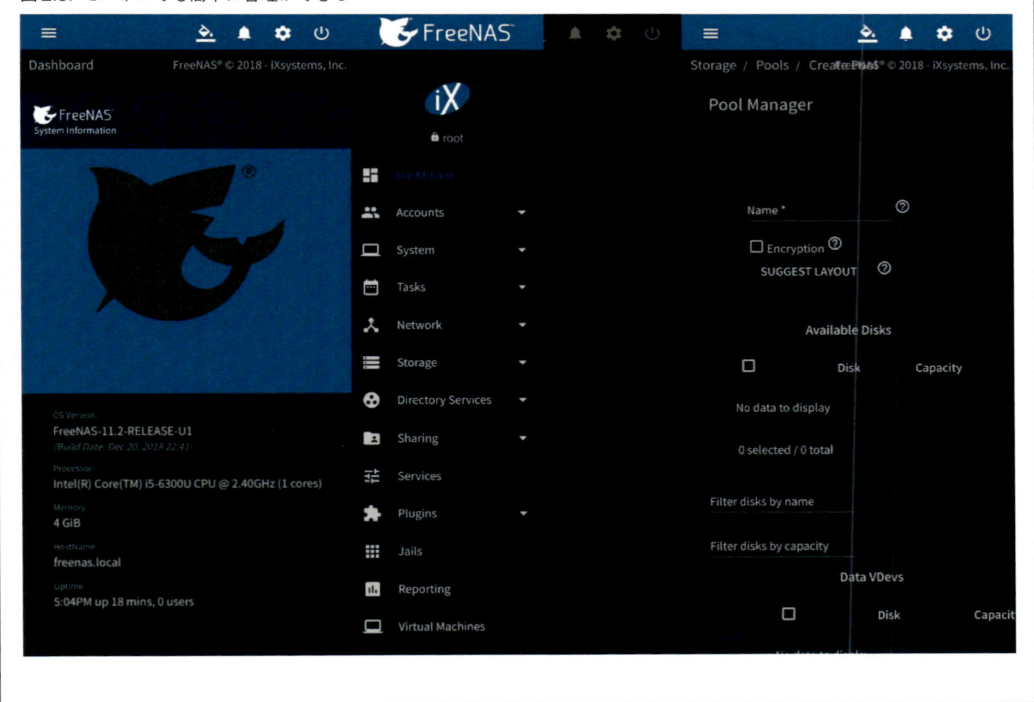

「FreeNAS-11.2-U5.iso」というイメージファイルがダウンロード出来たかと思います。また、正常にファイルがダウンロードできたかどうか確認するために、ダウンロードリンクの下に「sha256 checksum」も用意されています。こちらと、ダウンロードしたファイルのチェックサムを比較し

て、ファイルが正しいか確認することもできます。

2.3 仮想マシンを作成する

ダウンロードしたISOイメージファイルを元に、FreeNASをインストールしていきます。

VirtualBoxを起動し、仮想マシンを作成しましょう。

画面左上の「新規」から仮想マシン作成ウィザードを起動します。図2.6の通り、ウィザードに従って必要な値を入力しましょう。基本的には本書と同様に入力して間違いないですが、必要に応じて随時適切な値に変更してください。

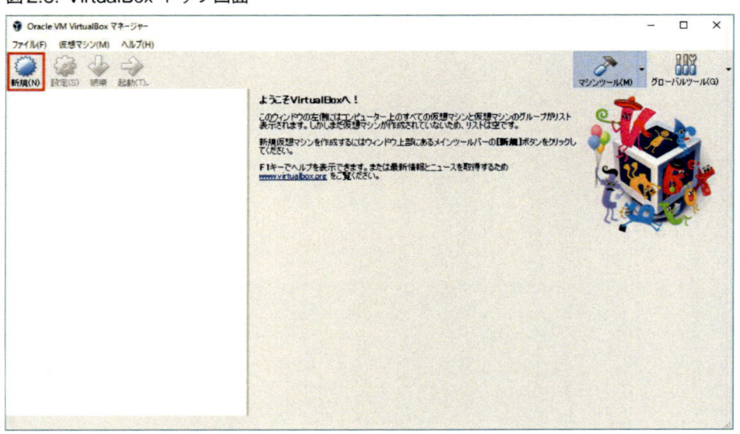

図2.6: VirtualBox トップ画面

2.3.1 名前と仮想マシンタイプを指定する

FreeNASは、FreeBSDベースですので、次の通りFreeBSDとして選択します。なお、FreeNAS9.2.1.9を利用する場合は、32Bitですのでバージョンを「FreeBSD (32-Bit)」に変更しましょう。

2.3.1.1 適用する設定

- 名前 : FreeNAS01
- タイプ : BSD
- バージョン : FreeBSD (64-Bit)

図2.7: 仮想マシンの新規登録

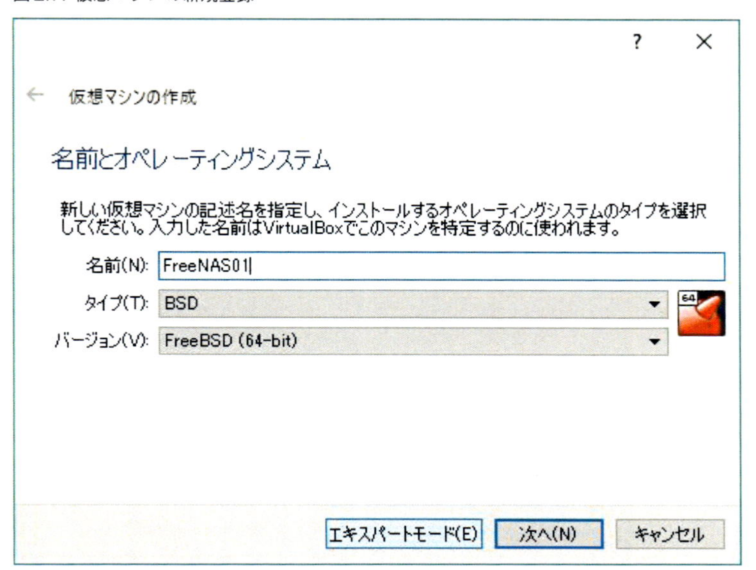

2.3.2 メモリーサイズを指定する

メモリーサイズを選択しましょう。

公式での最小要件は8GBですが、今回は動作確認のため少し小さめの4GBで作成します。実際に本番用に構築する場合は、8GB以上で構成しましょう。

2.3.2.1 適用する設定

- 4096 MB

図2.8: メモリーサイズの指定

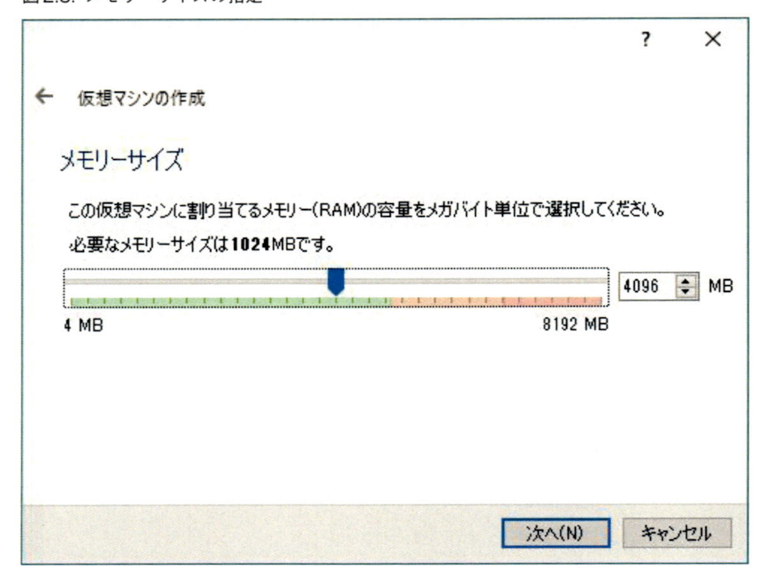

2.3.3 ハードディスクを作成する

仮想ハードディスクを構成します。なお、今回作成するハードディスクは、「Boot用」のディスクです。Boot用ディスクのサイズの推奨値は16GBなので、16GBで構築します。データ用ディスクは後ほど作成します。

今回は1から作成するため、「仮想ハードディスクを作成する」を選択しましょう。

図2.9: 仮想ハードディスクを作成する

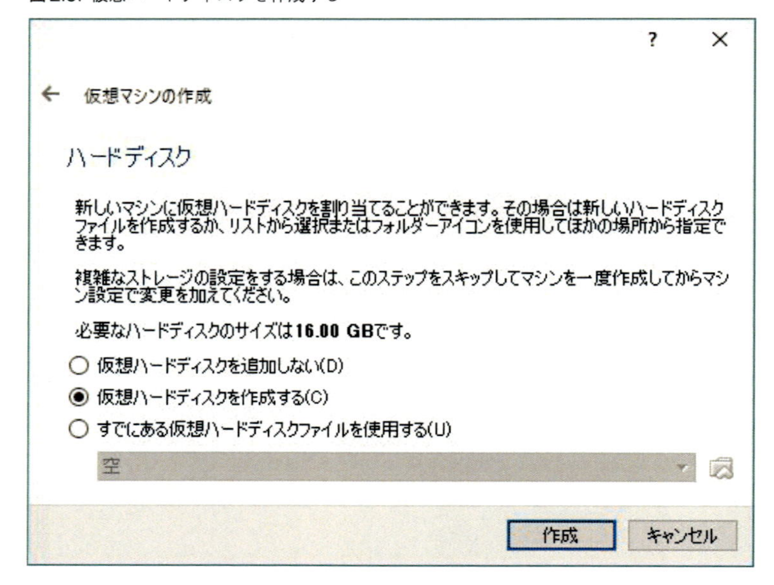

2.3.4 仮想ハードディスクの種類を指定する

続けて、仮想ハードディスクの種類を選択します。これは、仮想ハードディスクをファイルで保存する際に、どの形式で保存するか選択します。一般的に、中身のデータは一緒なのでどれを選んでも通常の動作に違いはありません。今回は動作確認目的なのでVDIにします。

2.3.4.1 VDI(VirtualBox Disk Image)

VirtualBox用の仮想ハードディスクタイプです。

2.3.4.2 VHD(Virtual Hard Disk)

Microsoft Hyper-Vにて利用可能な仮想ハードディスクタイプです。Hyper-Vへ移行する予定がある場合は、こちらを選択しましょう。

2.3.4.3 VMDK(Virtual Machine Disk)

VMware Playerなど、VMware製品にて利用可能な仮想ハードディスクタイプです。VMware PlayerやVMware ESXiなどへ移行する予定がある場合は、こちらを選択しましょう。

2.3.4.4 適用する設定

・VDI(VirtualBox Disk Image)

図2.10: 仮想ハードディスクの種類

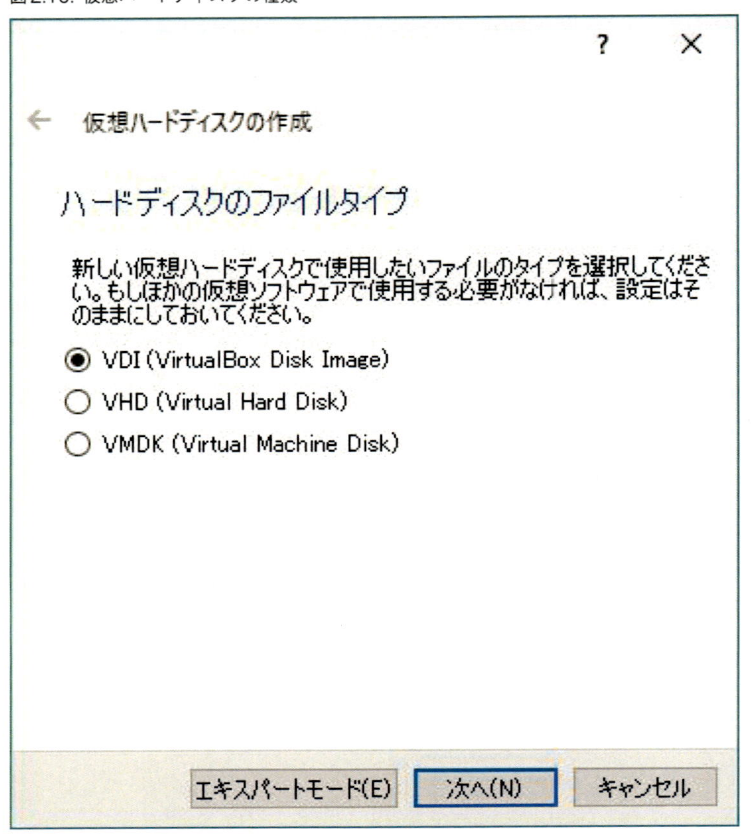

2.3.5 仮想ハードディスクの利用方式を指定する

ハードディスクのディスク利用方式を選択します。このふたつの違いとして、例えば100GBの仮想ハードディスクを作成し、10GBを利用した場合はそれぞれ次の挙動になります。

2.3.5.1 可変サイズ

ホストマシンの物理ディスクは10GB分消費されます。可変サイズでは、仮想マシン内のディスクの使用した分だけ物理ディスクが消費されます。

2.3.5.2 固定サイズ

ホストマシンの物理ディスクは100GB分消費されます。固定サイズでは、仮想マシン内のディスクの使用量に関わらず、指定した容量全てを消費します。

ちなみに、VMwareを業務で利用している方であれば、可変サイズが「シン・プロビジョニング」、固定サイズが「シック・プロビジョニング」と考えればわかりやすいかと思います。

2.3.5.3　適用する設定

・可変サイズ

図2.11: 仮想ハードディスクの利用方式

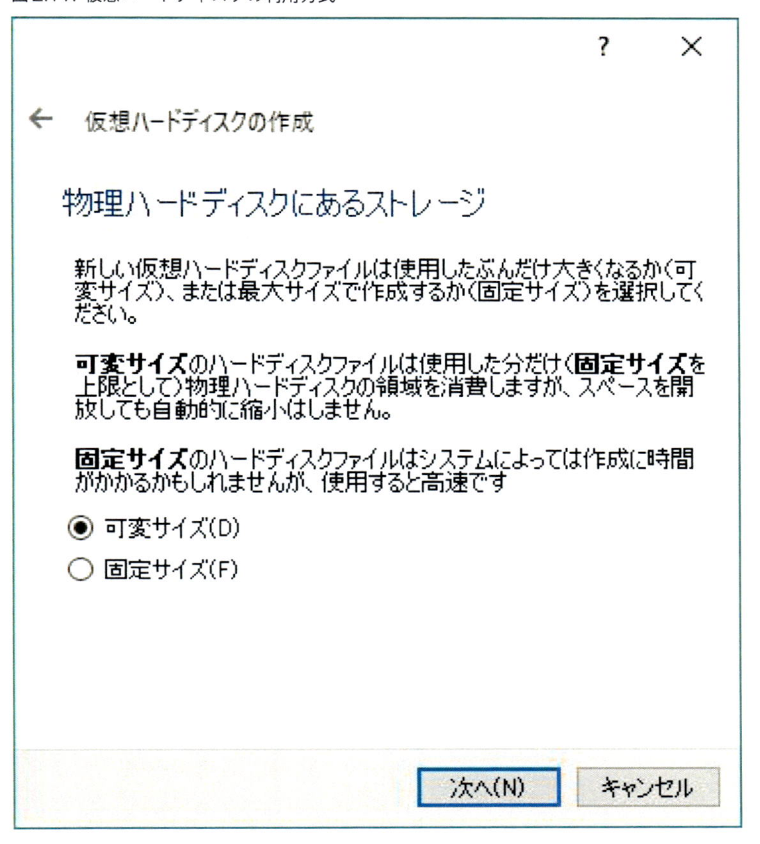

2.3.6　仮想ハードディスクのサイズや保存先を指定する

ファイルの場所とサイズを選択します。

仮想ハードディスクファイルの保存先を指定することができます。通常VirtualBoxでは、Windowsの場合は「C:\Users\USERNAME\Documents\VirtualBox VMs\」にすべて保存されます。フォルダー等は作成されず、全ての仮想マシンのファイルがそのまま作成されてしまうため、大量の仮想ハードディスクファイルや複数の仮想マシンを利用している場合はファイルが乱雑になり不便です。こういったときに任意の場所に保存することができるので、例えばFreeNASのファイルは「C:\Users\USERNAME\Documents\VirtualBox VMs\FreeNAS\」の下に保存するといったような指定が出来ます。指定しなければ、前述の通りデフォルトの保存先、「C:\Users\USERNAME\Documents\VirtualBox VMs\」に保存されます。

併せて、仮想ハードディスクファイルの名前を指定することも出来ます。デフォルトでは仮想マシンの仮想マシン名が使われます。仮想マシンひとつに付き1本の仮想ハードディスクを持つのであれば問題ありませんが、2つ目以降の仮想ハードディスクを作成する場合は名前が重複してしまいます。そのため、例えばBoot用ディスクは「FreeNAS01-boot」、データ用ディスクは「FreeNAS01-data01」のように名前をつけることで名前の重複を防ぐと良いでしょう。

そして最後に、ディスクのサイズを指定します。スライダーもしくは、テキストボックスを利用してサイズを指定します。

ここで気をつけなければならない点があります。先程のディスクの利用方式で「固定サイズ」を選択した場合は、ウィザードが終了した際にここで指定したホスト側の容量が即時に消費されてしまうのです。現在の空き容量よりも大きい値を設定してしまうと、ホストOSに影響を及ぼす可能性があるため、気をつけましょう。

2.3.6.1　適用する設定

- ファイルの場所 : FreeNAS01
- サイズ : 16GB

図2.12: ファイルの場所とサイズ

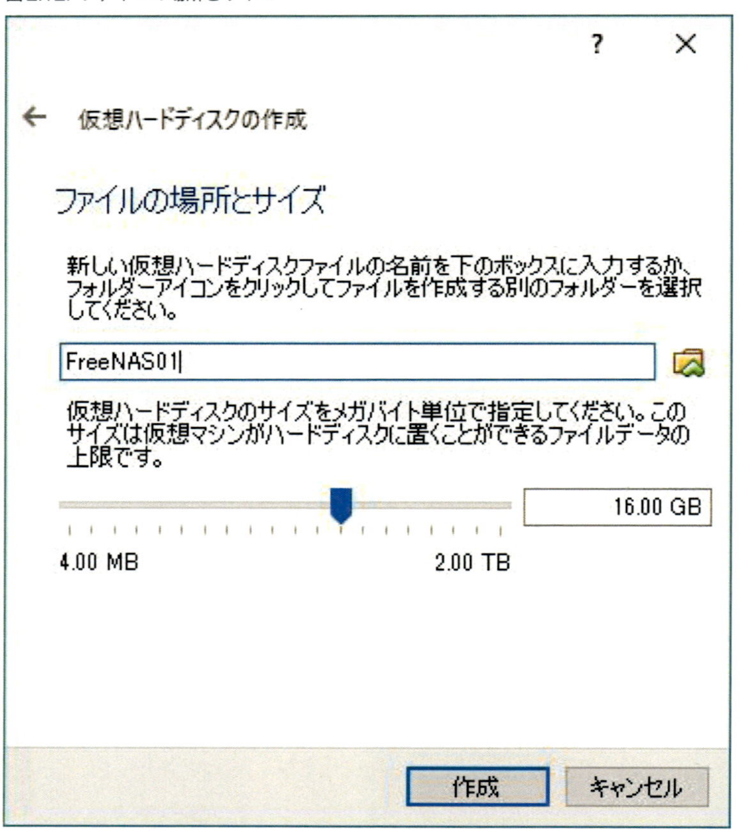

「作成」を押して仮想ハードディスクの作成を完了します。

2.3.7 ISOイメージファイルをマウントする

仮想マシン作成ウィザードに戻り、「完了」を押すと、ウィザードが終了して作成した仮想マシンが確認できます。更に、この仮想マシンに先程ダウンロードしたISOイメージファイルをマウントします。

作成した仮想マシンをクリックし、左上の「設定」を選択しましょう。

図2.13: 仮想マシンの設定を開く

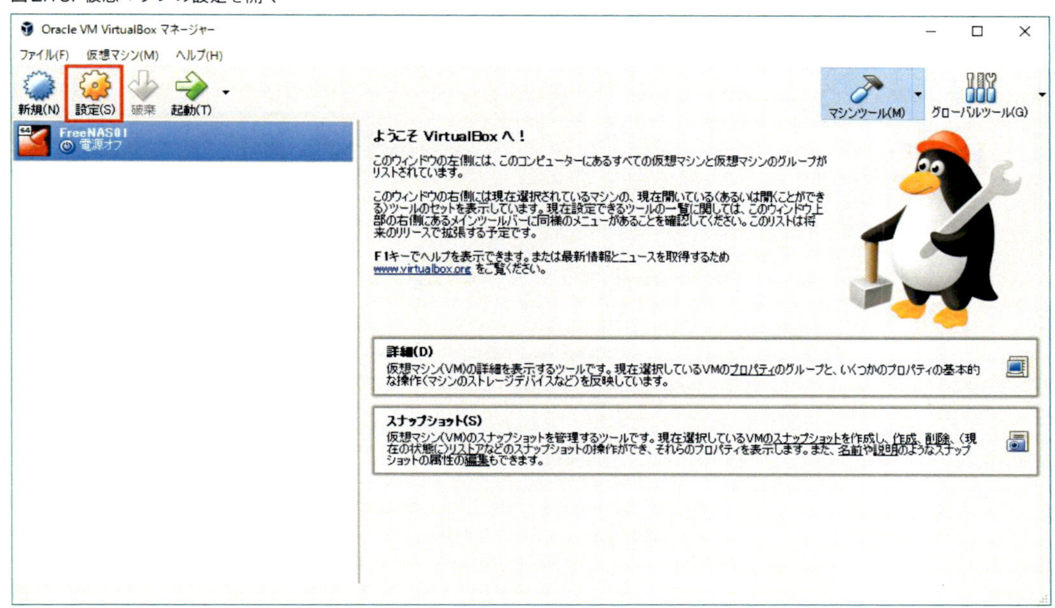

仮想マシンの設定が開くので、メニューの「ストレージ」を選択します。すでに、「コントローラー: IDE」が作成され、空の光学ドライブがありますので、こちらを選択します。「光学ドライブ IDE セカンダリマスター」とある右側に小さくディスクのアイコンがあるので、そちらをクリック。「仮想光学ディスクファイルを選択」をクリックし、先程ダウンロードした「FreeNAS-11.2-U5.iso」を選択します。

図2.14: ISOイメージファイルのマウント設定

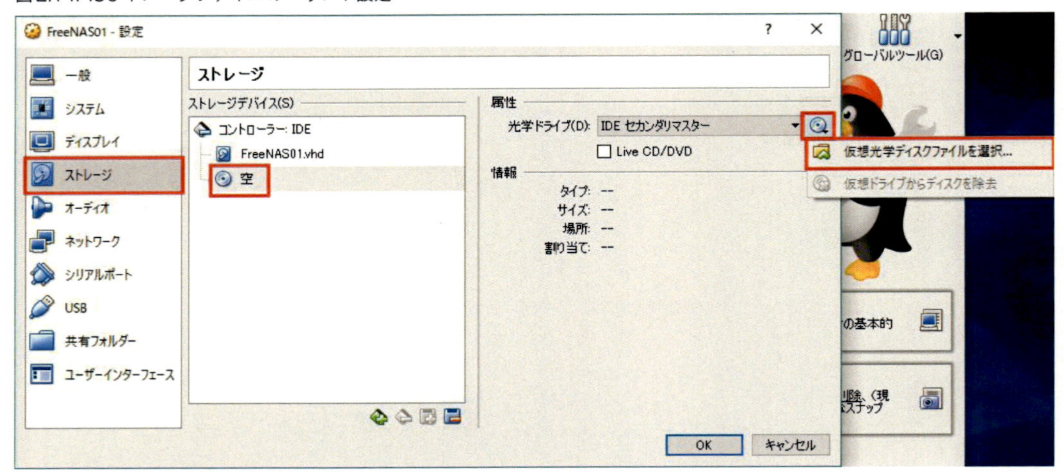

図2.15の通り、「空の光学ドライブ」から「FreeNAS-11.2-U5.iso」に変わればマウント設定は完了です。

図2.15: ISOイメージファイルのマウント設定 完了

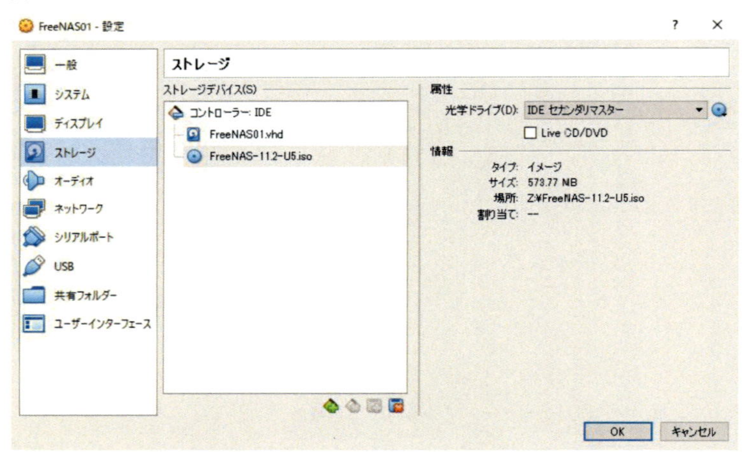

2.3.8 ネットワークアダプター設定を変更する

続けて、ネットワークアダプター設定を行います。

VirtualBoxのネットワークアダプターは、初期設定では1つのネットワークが構成され、「NATアダプター」として設定されています。FreeNAS自身からの通信は問題なく行えますが、ホストマシンからはFreeNASへ接続することができません。そのため、ホストマシンからFreeNASへ接続可能なネットワークアダプターを作成する必要があります。

今回は、「NATアダプター」、「ホストオンリーアダプター」のふたつを使用します。「NATアダプター」ではインターネットなど外部への通信を行い、「ホストオンリーアダプター」ではホストマシンからFreeNASの管理画面やSSH接続のために利用します。また、「NATアダプター」はDHCPを利用するため、インターネット接続の複雑な設定は不要です。

前述の通り、「NATアダプター」はすでに作成されているため、「ホストオンリーアダプター」を追加します。仮想マシンの設定から「ネットワーク」を選択します。

「アダプター2」を選択し、「ネットワークアダプターを有効化」をクリックします。VirtualBoxインストール時に作成された、「VirtualBox Host-Only Ethernet Network」に接続します。次の通り、設定を変更してください。

2.3.8.1　適用する設定

- ネットワークアダプター：アダプター2
- 割り当て：ホストオンリーアダプター
- 名前：VirtualBox Host-Only Ethernet Network

図2.16: 仮想マシンのネットワーク設定

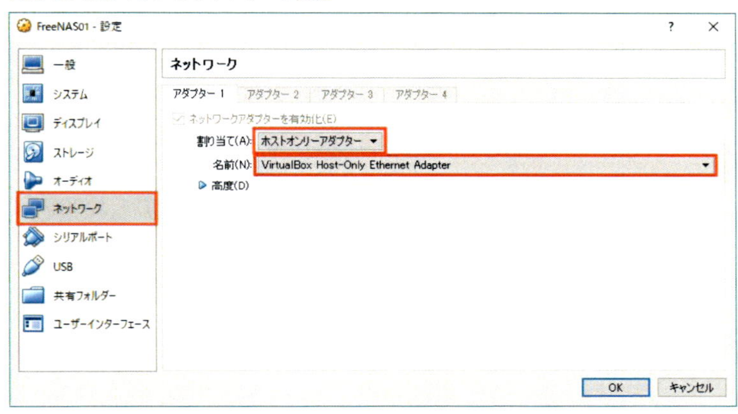

なお、VirtualBoxインストール時にホストオンリーネットワークを作成しなかった場合は、プルダウンメニューにネットワークが表示されません。その場合は、「ファイル」→「ホストオンリーネットワーク」へ遷移し、「Create」を押してホストオンリーネットワークを作成します。

これで、作成した仮想マシンは外部接続用の「NATアダプター」と、ホストから接続用の「ホストオンリーアダプター」のふたつのNICが作成されました。問題なければ「OK」を押して確定します。仮想マシンの詳細でも、ネットワークアダプターがふたつになっていることが確認できます。

2.4　FreeNASのインストールを行う

仮想マシンの準備は整いました。FreeNASのインストールを行いましょう。

作成した仮想マシンをクリックし、左上の「起動」をクリックします。図2.17のように「FreeNAS」と出れば無事ISOイメージから起動しています。何も入力せず、10秒待つか、Enterキーを押してインストールを続けましょう。

図2.17: FreeNAS インストーラー起動直後

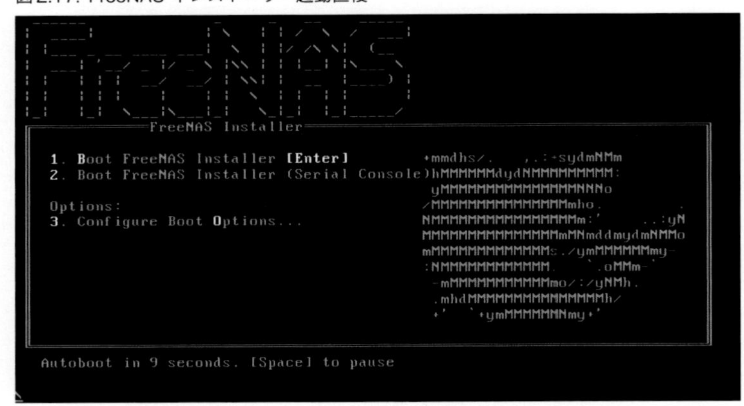

インストールメニューが出たら、「1 Install/Upgrade」を十字キーで選択し、Enterキーで確定します。

図2.18: FreeNAS インストーラー トップ画面

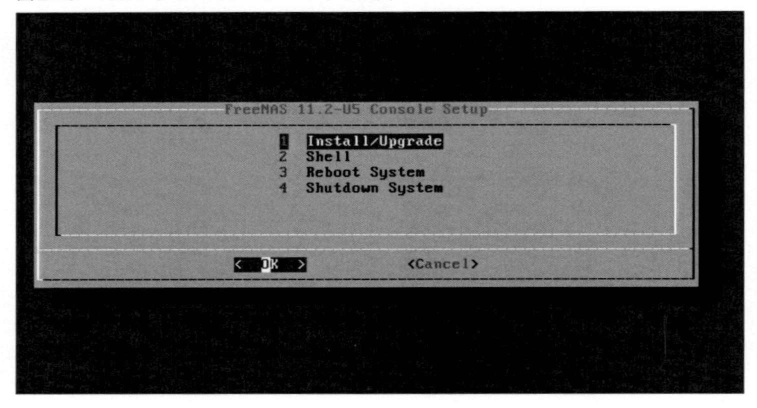

図2.19のように、メモリーが8GB未満である警告が出ています。インストールに支障はないため、「Yes」を選択して続けましょう。なお、この表示は8GB以上のメモリーを積んでいる場合は表示されません。

図2.19: メモリーの警告

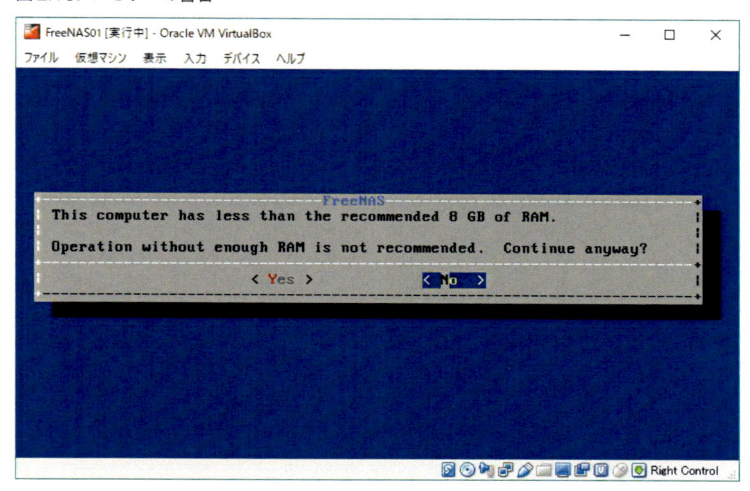

FreeNASをインストールするディスクを選択します。今回は、Boot用ディスクひとつのみマウントしているため、「ada0」のみ表示されています。こちらをSpaceキーで選択([ ]の間に*印が付きます)し、Enterキーで確定しましょう。

図2.20: Bootディスクの選択

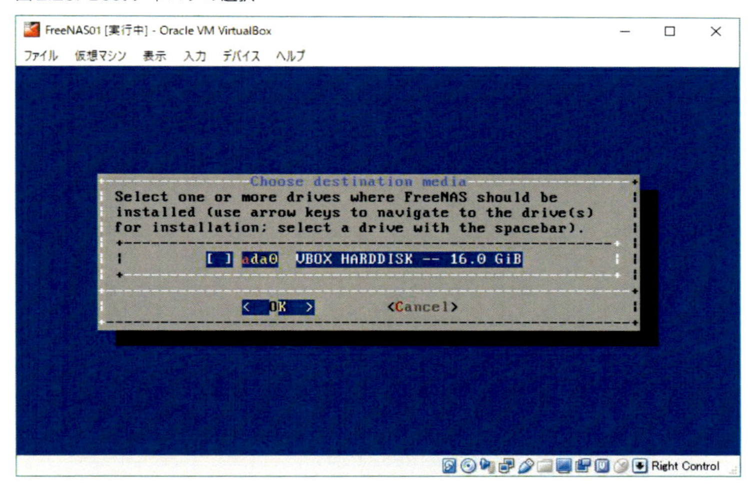

Bootディスクのミラーリング

FreeNASでは、Boot用ディスクのミラーリングを構成することができます。例えば、16GBの容量を持つふたつのUSBメモリーを利用し、冗長化されたBootディスクとして構成することができます。これにより、万が一Bootディスクが故障した場合でも、壊れていないUSBメモリーを利用してサービスを継続できます。

もちろん、片方のUSBメモリーが故障してしまっているので、交換は行わなければなりませんが、突然使えなくなってしまうということを防ぐことができます。

ぜひ、本番稼働時にディスクに余裕があれば利用していただくことを推奨します。

なお、ふたつのディスクの容量が異なる場合は、小さい方のディスクサイズに合わせられます。

認識されたディスク「ada0」の全てデータが削除される旨について警告が出ます。今回はまだデータ用ディスクをマウントしていませんが、すでにデータ用ディスクをマウントしている場合は、インストールディスクが間違いないことを確認し、「Yes」で続けましょう。

図2.21: ディスクフォーマットの警告

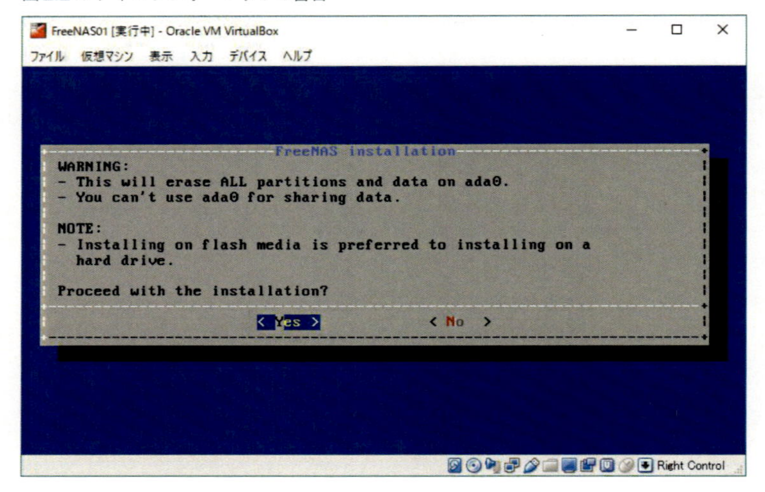

rootアカウントのパスワードを設定し、OKで続けましょう。

図2.22: Rootパスワード

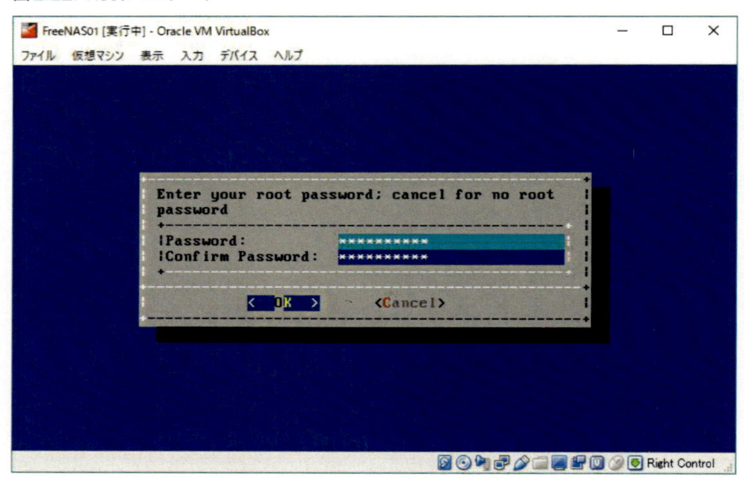

Bootモードを「BIOS」か「UEFI」から選択します。通常はBIOSを選択しておけば問題ありませんが、比較的新しいハードウェア上ではUEFIでないと起動しない場合があります。VirtualBoxでは初期状態はBIOSで構成されているため、今回はBIOSを選択しましょう。

図2.23: Boot モード

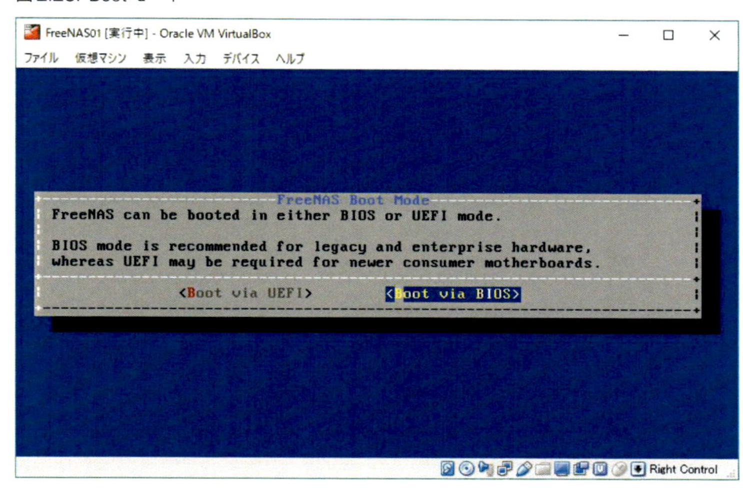

「Boot via BIOS」を選択肢、Enterキーで確定・インストールが開始されます。ハードウェアによりますが、若干時間がかかるため、コーヒーブレイクでもして待ちましょう。

図2.24の様にメッセージが出れば、無事インストールが終了しました。OKを押し、トップメニューへ戻るので、「Shutdown System」で一旦仮想マシンをシャットダウンします。

図2.24: インストール完了

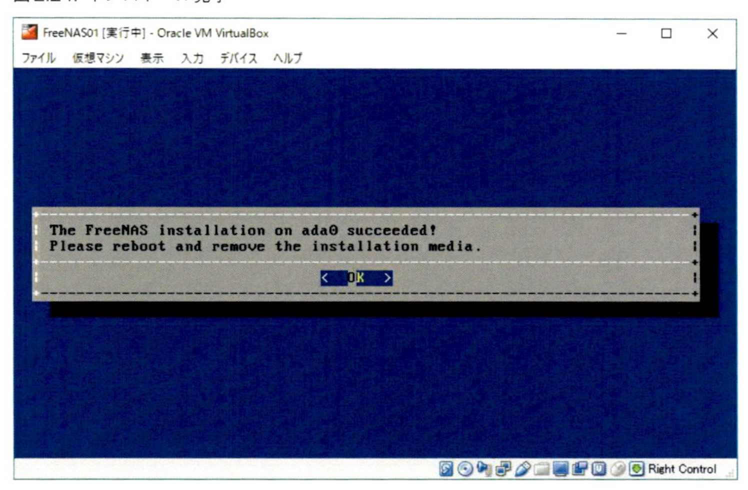

マウントしたISOイメージファイルをアンマウントします。シャットダウン後、ISOイメージファイルをマウントしたときと同様の手順で、「設定」→「ストレージ」と進み、マウントされたISOイメージファイルをアンマウントします。ISOイメージファイルを選択し、画面右側のディスクアイコンをクリックし、「仮想ドライブからディスクを除去」をクリックします。画面中央、先程まで「FreeNAS-11.2-U5.iso」となっていた箇所が「空」になっていることが確認できます。

図2.25: ISOイメージファイルのアンマウント

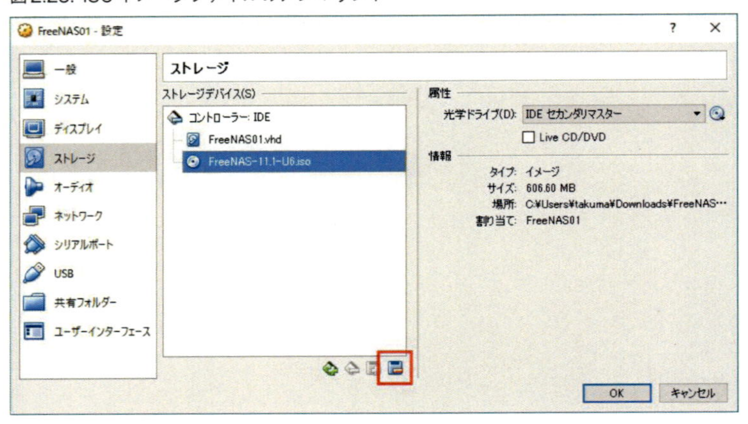

2.5 FreeNASを起動する

ディスクをアンマウントしたら、作成したFreeNASを起動しましょう。インストール時同様、作成した仮想マシンを選択し、「起動」をクリックしましょう。図2.26の通り画面に出力されればインストールが完了し、Bootディスクからブート出来ています。5秒待つか、Enterキーを押して進めます。

図2.26: FreeNAS起動直後

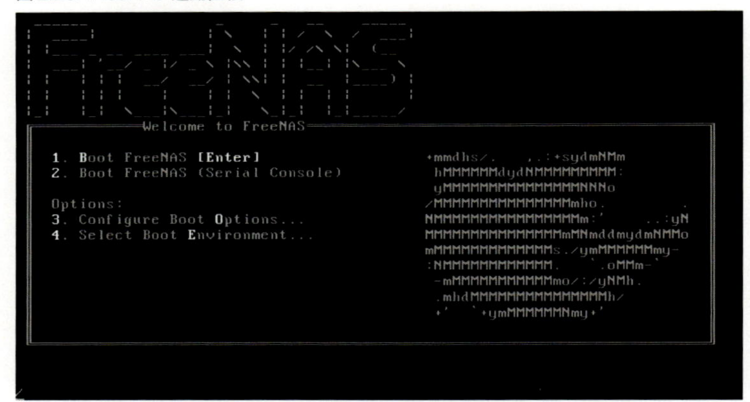

起動時は、OSや各種ミドルウェアなどの起動を行っているため、少しばかり時間がかかります。図2.27の画面のように、表示されれば起動完了です。

2.6 IPアドレスの設定を行う

FreeNASでは、各種設定にWebGUIやRESTful API、SSHを利用します。そのためには、接続用のIPアドレスを設定しなければなりません。ホストからFreeNASへ接続用の「ホストオンリーアダプター」は、デフォルトではDHCPが有効なため、何かしらのIPアドレスが割り当てられますが、このアドレスは次回起動時には変化してしまう可能性があります。そのため、「ホストオンリーアダプター」側のNICについては固定IPアドレスを設定する必要があります。

起動したFreeNASの画面を見ると、「NATアダプター」、「ホストオンリーアダプター」ともにDHCPでIPアドレスを取得できているようです。基本的に「アダプター1」が上に表示されていますが、念の為VirtualBoxの管理画面より「ファイル」 → 「ホストオンリーネットワーク」を選択します。ここで、先程指定したホストオンリーネットワークのセグメントを確認できます。今回は、「10.100.0.0/24」が対象ですので、仮想マシンの「10.0.2.15」は「NATアダプター」、「10.100.0.5」がホストオンリーアダプターのネットワークのようです。

図2.27: FreeNAS コンソールトップメニュー

```
FreeBSD/amd64 (freenas.local) (ttyv0)

Console setup
-------------

1) Configure Network Interfaces
2) Configure Link Aggregation
3) Configure VLAN Interface
4) Configure Default Route
5) Configure Static Routes
6) Configure DNS
7) Reset Root Password
8) Reset Configuration to Defaults
9) Shell
10) Reboot
11) Shut Down

The web user interface is at:

http://10.0.2.15
http://10.100.0.5

Enter an option from 1-11:
```

「ホストオンリーアダプター」のIPアドレスを固定します。固定するIPアドレスはDHCPで提供された「10.100.0.5」を利用します。なお、DNSサーバーやデフォルトゲートウェイはWebGUIから変更することができるので、まずは固定IPアドレスの設定だけを行います。

2.6.0.1 適用する設定

- インタフェース: em1 (ホストオンリーアダプター)
- インタフェース名 : mgmt
- IPアドレス : 10.100.0.5/24
- IPv6 : 無効

FreeNASのコンソールでは、対話式に設定を行うことができます。

まずは、「Configure Network Interfaces」を選択するため、「1」を入力。

```
Enter an option from 1-11: 1
```

ネットワークインタフェースの一覧が表示されます。ホストオンリーアダプターはふたつめなので「2」を入力。

```
1) em0
2) em1
Select an interface (q to quit): 2
```

ネットワークインタフェースのリセットを行えます。今回は設定を行いたいので「n」を入力。

```
Reset network configuration? (y/n): n
```

DHCPで構成するか設定します。今回は固定IPアドレスを設定したいので、「n」を入力。

```
Configure interface for DHCP? (y/n): n
```

IPv4を構成します。「y」を入力。

```
Configure IPv4? (y/n): y
```

インタフェースの名前をつけます。分かりやすい名前をつけましょう。今回は管理用ポートなので、「mgmt」と入力します。

```
Interface name: mgmt
```

IPアドレスを入力します。なお、「192.168.1.1/24」のようにCIDR形式でも、「192.168.1.1」IPアドレス形式でも入力できます。IPアドレス形式の場合は、入力後にサブネットの入力が促されます。どちらでも結果は一緒なので、今回は「10.100.0.5/24」を入力します。

```
Several input formats are supported
Example 1 CIDR Notation:
    192.168.1.1/24
Example 2 IP and Netmask separate:
    IP: 192.168.1.1
    Netmask: 255.255.255.0, /24 or 24
IPv4 Address: 10.100.0.5/24
```

IPv6を構成します。今回はIPv6を構成しないので「n」を入力します。

```
Configure IPv6? (y/n): n
```

設定が行われ、再びConsole setupの画面が出てくれば固定IPの設定が完了です。見た目上の変化はありませんが、ホストオンリーアダプターのIPアドレスのみ、固定IPアドレスとなりました。また、これらの設定はコンソールだけではなく、DHCPにて払い出されたIPアドレスで一旦WebGUIへ接続し、WebGUI上からIP固定IPアドレスを設定することも可能です。WebGUIから設定する場合、万が一設定を誤り、FreeNASに接続できなくなっても、今回と同様の方法でコンソールから再設定が可能です。

全ての設定が完了すると、図2.28の通りブラウザーからアクセス出来るようになります。

図2.28: FreeNAS WebGUI ログイン画面

これで、FreeNASのインストールが完了しました。続いて、WebGUIから初期設定を行います。

第3章　FreeNASの初期設定を行う

前章までにFreeNASのインストールが完了しました。早速NASとして設定したいところですが、最初にいくつか設定を変更しておきましょう。以降の設定は、私がFreeNASを構築する際に毎度行っている設定です。必須ではありませんが、おすすめの設定です。

なお、今回の設定については、公式のマニュアルに詳細が書いてあります。(英語)

リスト3.1: オフィシャルサイトのマニュアル

```
https://www.ixsystems.com/documentation/freenas/
```

まず、WebGUIにアクセスしたら、ログインをしましょう。ダッシュボードが表示されれば、ログイン成功です。

・ユーザー : root

・パスワード : インストール時に入力したもの

3.1　初期設定のバックアップ

早速設定を変更していきたいところですが、万が一設定を誤り、戻したいとなったときのために設定ファイルをバックアップしておきましょう(リスト3.2)。なお、「Export Password Secret Seed」にチェックを入れておくと、パスワードなども暗号化して保存してくれます。

リスト3.2: 設定のバックアップ

```
System > General > SAVE CONFIG
```

FreeNASの初期化

実は、初期設定のバックアップの他に、FreeNASを初期状態に戻す方法は存在します。

・FreeNASを新規インストール

・「Boot Environments」から初期状態にロールバックする

第5章でも紹介しているロールバック機能を利用することで、初期状態に戻すことができます。「Initial Install」というポイントを指定することで、インストール直後の状態を実現することができるのです。

3.2　基本設定

まずは、基本設定を変更しましょう。「System」メニューの「General」をクリックします。

```
System > General
```

図3.1: 基本設定ページ

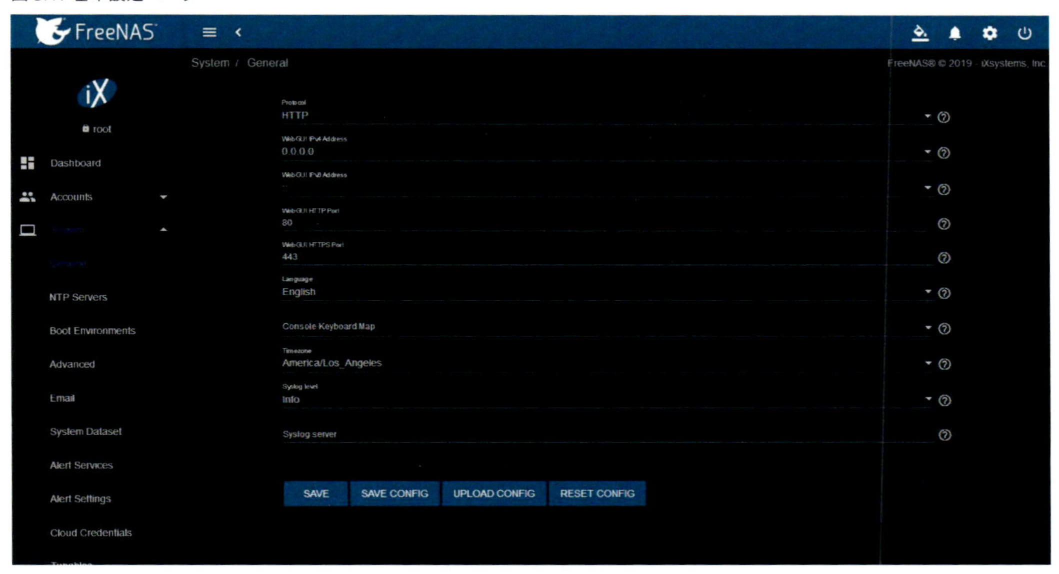

まずは表示言語を英語から日本語に変更しよう……と思いましたが、FreeNAS11.2-U5ではUIが新しくなった関係で翻訳が追いついていません。そのため、従来のUIのように日本語で表示することができません(「System」→「General」→「Language」からJapaneseが選択できますが、表示は何も変わりません……)。

3.2.1 Protocol

WebGUIに接続するためのプロトコルを選択します。「HTTP」,「HTTPS」ではそれぞれの接続方式、「HTTP+HTTPS」の場合はいずれのプロトコルでも接続できます。

なお、WebGUIのHTTPS化については、第5章で説明しています。

3.2.2 GUI SSL Certificate

この設定は「Protocol」で「HTTPS」もしくは「HTTP+HTTPS」を選択したときに表示されます。WebGUIのHTTPS化に用いる証明書を指定します。また、証明書は「System > Certificate」に登録されたものから選択できます。

3.2.3 WebGUI IPv4/IPv6 Address

FreeNASのWebGUIにアクセスできるネットワークを指定します。デフォルトでは、「0.0.0.0」が指定されており、接続性のあるクライアントは全て管理画面へ接続できます。しかし、本来のサービスではユーザー側はサービス（FreeNASの場合はファイル共有）のみが見えればよく、管理画面が見えてしまうことはセキュリティー上好ましくありません。そのため、例えば管理用ネットワークからのみ接続できるようにすれば、例え悪意のあるユーザーがFreeNASのIPアドレスにリクエストを送っても、FreeNASはそれを拒否するようになります。

今回は、外部接続用と管理/サービス接続用のふたつのNICがあります。これはVirtualBoxでの構成特有のもので、本来は管理用NICとサービス用NICのふたつを構成します。仮に外部接続用をサービス用と見立てて、ここからアクセスできないように管理用NICのIPアドレス(10.100.0.5/24)を選択しましょう。

こうすることで、管理用NICのネットワークからのみ管理画面に接続できるようになります。

3.2.4　WebGUI HTTP Port

WebGUIのHTTP接続でのポート番号を変更します。

3.2.5　WebGUI HTTPS Port

WebGUIのHTTPS接続でのポート番号を変更します。

3.2.6　WebGUI HTTP -> HTTPS Redirect

この設定は「Protocol」で「HTTPS」を選択したときに表示されます。有効にすると、HTTPで接続した際にHTTPSにリダイレクトします。

3.2.7　Language

WebGUIの表示言語を変更します。なお、新しいWeb Interfaceでは日本語のローカライズが追いついておらず、「Japanese」を選択しても表示は変わりません。

3.2.8　Console Keyboard Map

コンソール接続でのキーマップを変更します。

3.2.9　Timezone

タイムゾーンの設定を行います。

3.2.10　Syslog level

Syslogに記録されるログのレベルを指定します。基本的には「info」で問題ありませんが、機能の検証やデバッグを行う際は下げるとより詳細なログが表示されます。

3.2.11　Syslog server

Syslogサーバーを変更します。デフォルトでは、Syslogはメモリー上に展開され、シャットダウンや再起動などで失われます。障害発生時の原因究明などのためにも、外部のログコレクタなどへ向けるのが適切です。すでに構築されたログコレクタが存在する場合は、そのIPアドレスやDNS名を入力します。

変更後、下部の「SAVE」を押して基本設定の変更は完了です。

3.2.12 適用する設定

・WebGUI IPv4 Address : 10.100.0.5

・Timezone : Asia/Tokyo

3.3 NTP Servers

NTPサーバーを変更します。デフォルトではFreeNASの公式サーバーに向いているため、必要に応じて任意のサーバーへ変更します。

```
System > NTP Servers
```

図3.2: NTPサーバー設定

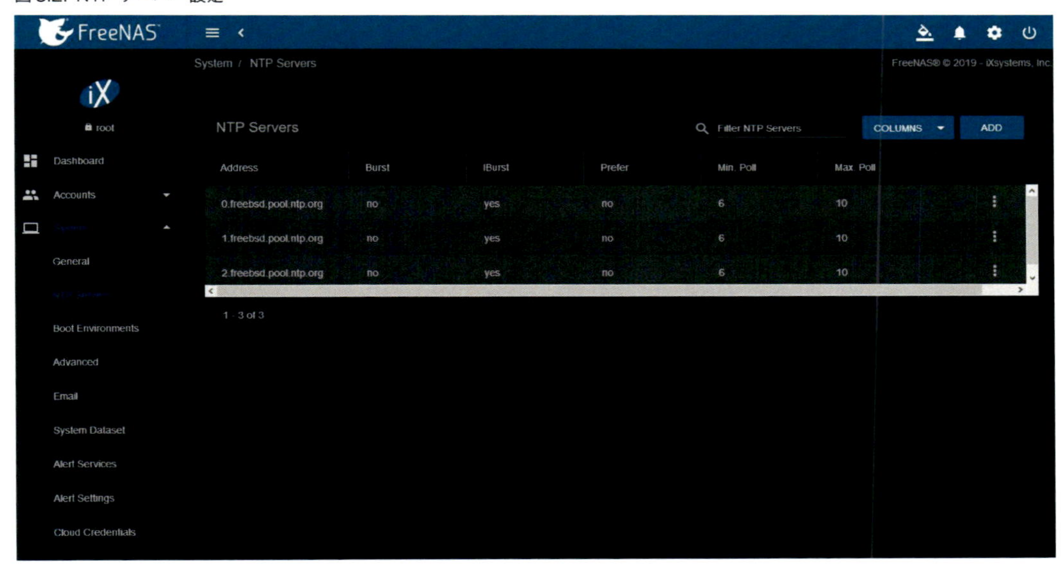

3.3.1 適用する設定

・Address : ntp.nict.jp

3.4 Advanced

拡張設定を変更します。

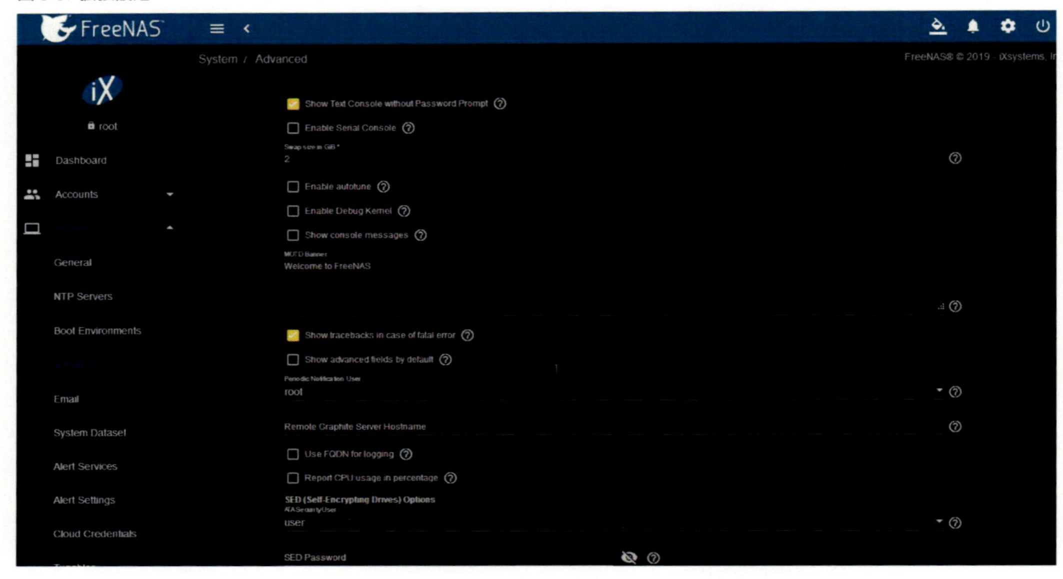

図3.3: 拡張設定

3.4.1 Show Text Console without Password Prompt

これを有効にすると、テキストコンソールを使用する際にログインを省略します。

3.4.2 Enable Serial Console

シリアルポートでのコンソール接続を有効にします。

3.4.2.1 Serial Port

シリアルコンソールのポートアドレスを16進数で指定します。

3.4.2.2 Serial Speed

シリアルコンソールでのスピードをbpsで指定します。

3.4.3 Swap size in GB

データディスク内に作成されるSwapディスクのサイズを指定します。なお、ログもしくはキャッシュ用として作成されたデータディスクにはこの設定は適用されません。

3.4.4 Enable autotune

自動調整機能を有効にします。ハードウェアを自動的に検出し、最適化を行います。例えば、ZFS sysctlの設定値などを変更します。なお、これを有効にしたから高速化するということではなく、あくまでも最適化であるということを留意してください。

また、ハードウェアのスペックを上げることによって、この設定が不要になることがあります。

設定を有効後、再起動することでAutotune Scriptが実行されます。実行後の変更されたパラメータは、「System > Tunables」にて確認できます。

3.4.5 Enable Debug Kernel

この設定を有効にすると、次回起動時にデバッグ用カーネルを使用します。

3.4.6 Show console message

WebGUIの下部にコンソールメッセージを表示します。また、コンソールをクリックすることで、拡大してコンソール全体を表示することもできます。例えばエラーメッセージなども表示されるため、異常に早期に気づくことができるかもしれません。

3.4.7 MOTD Banner

SSHログインした際のMOTDバナーを編集します。

3.4.8 Show tracebacks in case of fatal error

FreeNASに致命的なエラーが発生したとき、診断情報に関するポップアップを表示します。

3.4.9 Show advanced fields by default

拡張設定をデフォルトで表示させるかどうかの設定です。FreeNASの各種設定は「基本設定」と「拡張設定」の2種類があり、拡張設定を利用する場合は都度ボタンをクリックして切り替える必要があります。利用していく上で、基本設定よりも拡張設定を利用する機会が多くなるため、チェックボックスを有効にしておくことを推奨します。

3.4.10 Periodic Notification User

FreeNASでは、システムに関するアラートなどをメールにて配信することができます。その際、ここに指定したユーザーのメールアドレスに向けてメールを配信します。例えば、「root」を指定した場合はrootユーザーに登録されているメールアドレス宛に配信されます。メールアドレスが登録されていない場合は、メールは配信されません。

3.4.11 Remote Graphite Server Hostname

Graphiteを利用している場合、そのサーバーを指定することができます。

3.4.12 Use FQDN for logging

ログ上に記録されるアドレスにFQDN(完全装飾ドメイン名)を含めます。

3.4.13 Report CPU usage in percentage

ReportsページのCPU使用率を、パーセンテージで記録します。

3.4.14 SED(Self-Encrypting Drives) Option

暗号化機能付きハードディスクを利用する場合に使用するオプションです。

3.4.14.1 user

暗号化機能付きハードディスクのロックを解除するためのユーザーを入力します。

3.4.14.2 SED Password

暗号化機能付きハードディスクのロックを解除するためのパスワードを入力します。

3.4.15 適用する設定

・Show console message : 有効

・Show advanced fields by default : 有効

3.5 Mail

メールの設定です。主に、レポートやエラー系のメールが送られてきます。メールサーバーはすでに構築済みと想定します。

3.5.1 送信先の設定

まずは、宛先のメールアドレスを設定します。FreeNASでは、宛先は「System > Advanced > Periodic Notification User」に指定されたユーザーのメールアドレスです。デフォルトのユーザーは「root」ですので、rootユーザーにメールアドレスを指定します。

```
Account > Users > root > Edit
```

設定の「Email」に宛先のメールアドレスを入力します。入力後、「SAVE」で保存します。

3.5.2 メールの設定

宛先アドレスを設定したら、Emailの設定をします。なお、今回の設定内容はダミーの設定のため、環境に合わせて値を変更してください。

```
System > Email
```

図3.4: メール設定

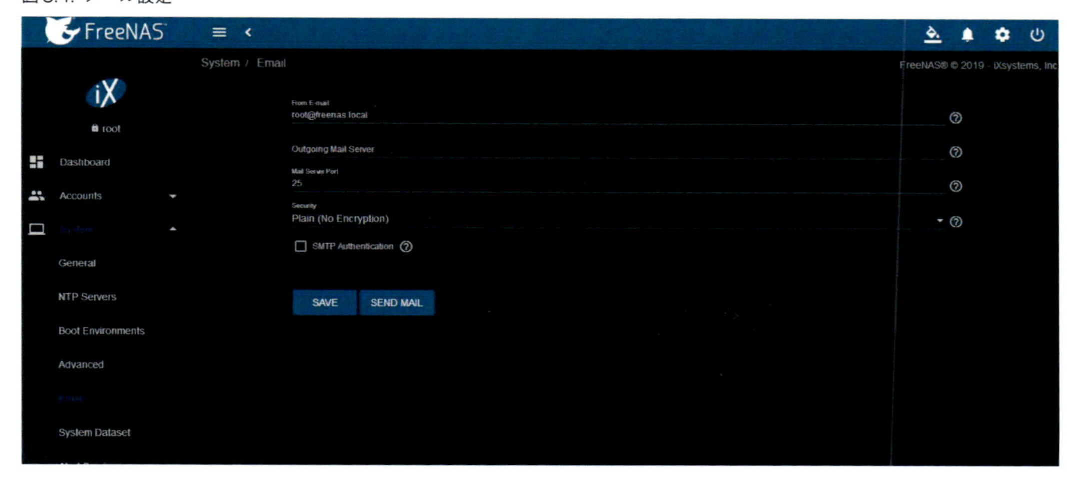

3.5.2.1 From Email

送信するメールの送信元メールアドレスを指定します。

3.5.2.2 Outgoing Mail Server

メールサーバーのホスト名/IPアドレスを入力します。

3.5.2.3 Mail Server Port

メールサーバーのポート番号を指定します。

3.5.2.4 Security

暗号化方式を選択します。

3.5.2.5 SMTP Authentication

SMTP送信に、認証が必要な場合はチェックを入れます。

3.5.2.6 Username

メールサーバーのユーザー名を入力します。

3.5.2.7 Password / Confirm Password

メールサーバー上のユーザーのパスワードを入力します。

3.5.2.8 適用する設定

- From Email : freenas@example.com
- Outgoing Mail Server : mail.example.com
- Mail Server Port : 587
- Security : TLS

・SMTP Authentication : 有効
・Username : user@example.com
・Password : メールサーバー上のユーザーのパスワード

「SAVEをクリック後、「SEND MAIL」をクリックして送信をテストできます。図3.5のようなメールがrootアカウントに設定したアドレスに届けば設定完了です。

図3.5: 送信されたメール

3.6 ネットワーク設定

ネットワークの設定を行います。第1章ではコンソールからIPアドレスの固定のみを行いました。しかし、「DNSサーバー」や「デフォルトゲートウェイ」などの設定が行われていないため、そのままではインターネットへ接続することができません。これらを、Web上から設定していきます。

ネットワーク設定は、次からアクセスします。

```
Network > Global Configuration
```

図3.6: ネットワーク設定

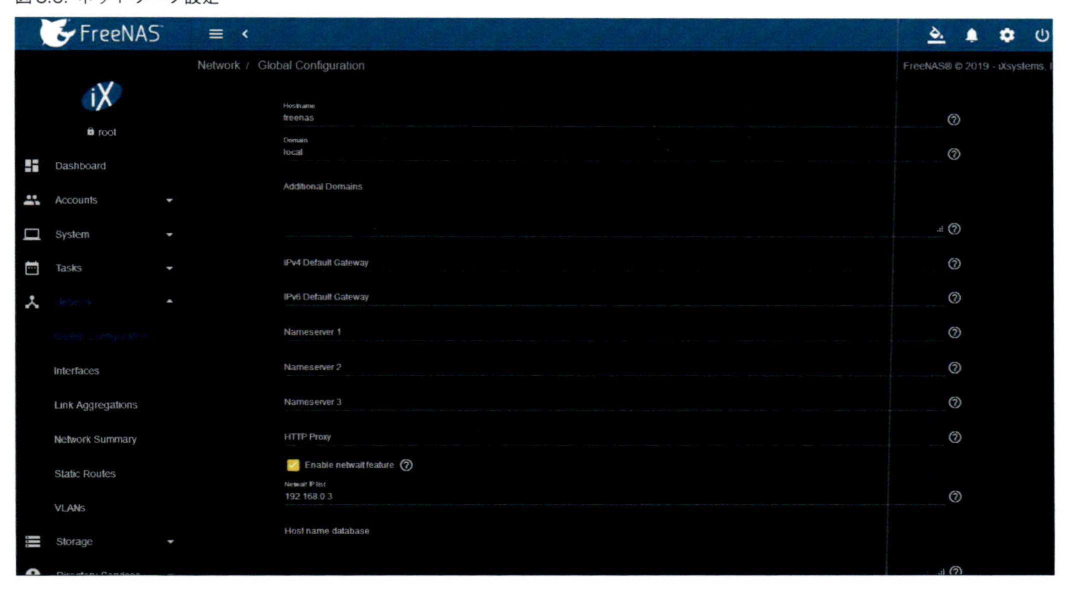

3.6.1 Hostname

ホスト名を入力します。

3.6.2 Domain

FreeNASが所属するネットワークのドメイン名を指定できます。

3.6.3 Additional Domains

「Domain」とは別に、ドメインを指定できます。

3.6.4 IPv4 Default Gateway

デフォルトゲートウェイを入力します。今回は、VirtualBoxのNATアダプターのデフォルトゲートウェイを指定します。NATアダプターの場合、サーバーアドレスは必ず「10.0.2.15」となり、デフォルトゲートウェイは「10.0.2.2」となります。これは、VirtualBox内で複数のゲストOSを作成した場合も変わりません。

・VirtualBoxのNATネットワークの構成
　―https://www.virtualbox.org/manual/UserManual.html#changenat

3.6.5 IPv6 Default Gateway

IPv6ネットワークのデフォルトゲートウェイを指定します。

3.6.6　Nameserver

DNSサーバーのIPアドレスを入力します。最大で3つまで同時に登録することが可能です。なお、外部の例えば「8.8.8.8」などを使用してもいいですが、VirtualBoxのNATアダプターではDNSサーバーが用意されているため、今回はそちらを登録してみましょう。DNSサーバーのIPアドレスは「10.0.2.3」になります。

3.6.7　HTTP Proxy

プロキシサーバーを利用している場合は指定します。

3.6.8　Enable netwait feature

有効にすると、「Netwait IP list」に指定したIPアドレスに対してPingが疎通可能になるまでFreeNASのネットワークサービスを起動しません。

3.6.8.1　Netwait IP list

この設定は「Enable netwait feature」有効にしたときに表示されます。ここに指定したIPアドレスに対して順次疎通確認を行います。空欄にした場合は「IPv4 Default Gateway」に指定したアドレスに疎通します。

3.6.9　Host name database

Hostsの設定を入力することができます。

3.6.10　適用する設定

- HostName: freenas01
- IPv4 Default Gateway : 10.0.2.15
- Nameserver 1 : 10.0.2.3

バックアップからの復元

万が一、Bootデバイスが破損してしまったりした場合など、バックアップから設定を復元したい場合があります。バックアップから復元を行う場合は、次の設定から戻すことが出来ます。万が一誤った設定をした場合や、OSのインストールし直しする場合は、こちらから戻しましょう。なお、復元の際には再起動が発生します。

このバックアップは「FreeNASの構成設定」のバックアップであり、実際のデータはバックアップされません。

```
System > General > UPLOAD CONFIG
```

第4章　ファイルサーバーとして構成する

前章までで、FreeNASの構築・初期設定が完了しました。本章では、ディスクの追加、プールの作成、共有設定などの構成を行い、ファイルサーバーとして利用できるようになるところまでご紹介します。なお、今回はVirtualBoxを動かしているホストマシンからFreeNASのファイル共有に接続します。

4.1　物理ディスクを追加する

現在はまだブート用ディスク1本しかないため、データ用ディスクを追加します。今回はVirtualBox上で構築を行っているので仮想ディスクの追加を行います。物理マシンで構築を行っている場合は、FreeNASをインストールしたマシンにディスクを追加しましょう。

ディスクについて

本書では、ブート用ディスク1本とデータ用ディスク4本の構成としています。今回は、仮想化環境での構築なのでディスクの増設は容易ですが、物理で構築する場合、特に個人用途の場合は容易でないかもしれません。では、そもそもこれだけのディスクを用意する必要があるのでしょうか。

ブート用ディスクについては、執筆時点ではブートディスクはUSBメモリー、SATADOM、SSDが利用できます。特に、USBメモリーが使いやすくおすすめです。通常、OSはHDDやSSDなどのような大容量で高信頼性のディスクにインストールされますが、FreeNASの場合などのようなフットプリントの小さいOSはUSBメモリーにインストールすることで、安価かつ簡単に運用できます。特に、NASの場合はSATAポートを埋めたくないという意見は多いと思います。そういった場合でも、SATAポートを専有しないため、ディスクをより多く追加することができます。

ディスクの信頼性については、当然HDDやSSDに比べれば劣ってしまいます。しかし、FreeNASにはBootディスクのミラーリング機能があります。万が一故障してしまった場合でも、もうひとつのディスクが存在するためサービス停止になることはなく、予備のUSBメモリーで対応中にディスクを購入してきて再度冗長化を行うことができます。特に、USBメモリーは非常に安価であるという点も重要です。ただ、もちろん信頼性や何よりもアクセス速度はHDDやSSDのほうが高いため、そういった点であえてそれらを選択することもひとつです。

そして、データ用ディスクについてはある程度ディスクの本数があることが好ましいです。というのも、後述するRAID-zを利用することで、データの冗長化を行うことができます。この冗長化は基本的に同じ容量のディスクが複数存在することで真価を発揮します。例えば、2本のディスクだけでも冗長化を行えますが、例えば4本のディスクがあるとRAID-z2を利用して2本までディスク障害に耐えることができます。本書では、ぜひともRAID-zの高価をお試しいただきたく、4本のデータディスクを作成していただくようにしています。

VirtualBoxでディスクを追加します。FreeNASをシャットダウンし、仮想マシンのストレージ設定へ移動します。

設定 ＞ ストレージ

デフォルトでは、IDEコントローラーが接続されています。しかし、このIDEコントローラーでは4本までしかディスクを接続できないのでブートディスクと併せて3本しか追加できません。そこで、新たにコントローラーを作成します。コントローラーを追加するには「新しいストレージコントローラーの追加」をクリックします。

図 4.1: ストレージ設定

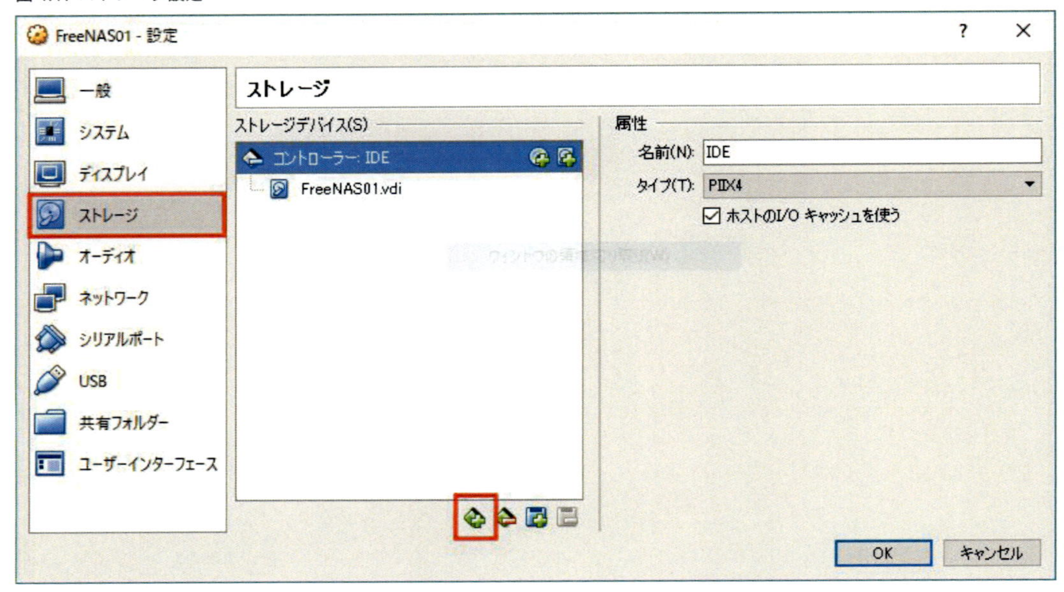

コントローラーの種類は「SATA」を選択します。

図 4.2: ストレージコントローラー

「コントローラー：SATA」が作成されましたので、コントローラーへディスクを追加します。「ディスクの追加」をクリックし、ディスクを追加します。

図 4.3: ディスクの追加

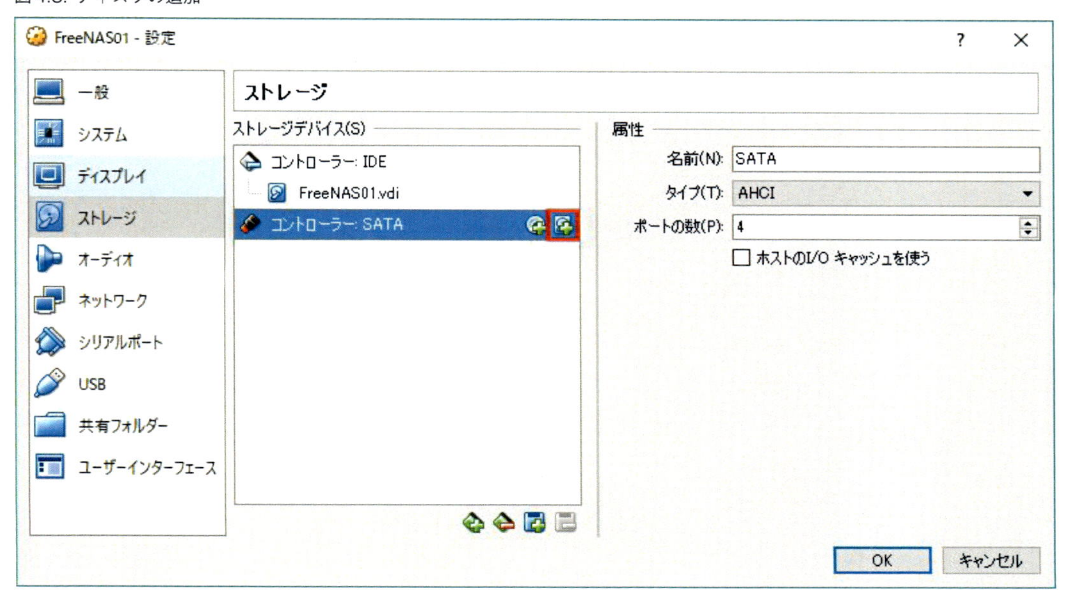

新規でディスクを作成するか、既存のディスクを作成するか選択できます。既存のディスクは作成していないため、「新規ディスクの作成」をクリックします。

図 4.4: ディスクの選択

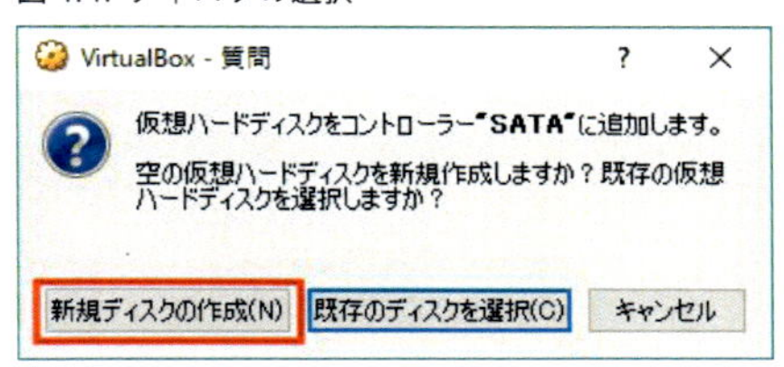

作成手順は、第2章でのブート用ディスクの作り方と同じです。図4.5のように、名前と容量に注意しましょう。

図 4.5: ディスクの新規作成

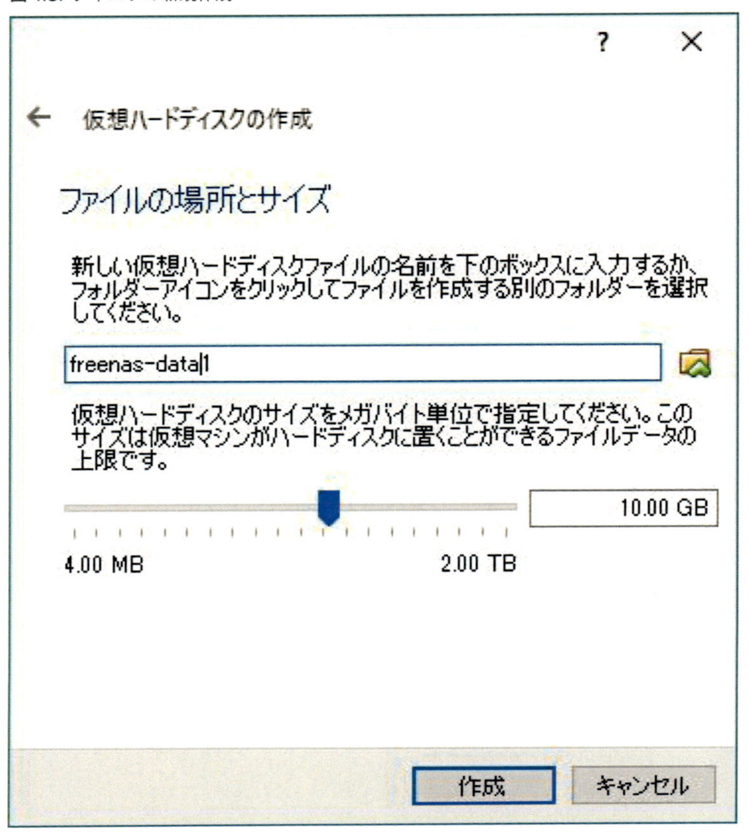

同じことを4回繰り返し、図4.6のように4本のディスクが接続されたことを確認して、ディスクの追加は完了です。

図4.6: 全てのディスクを追加した

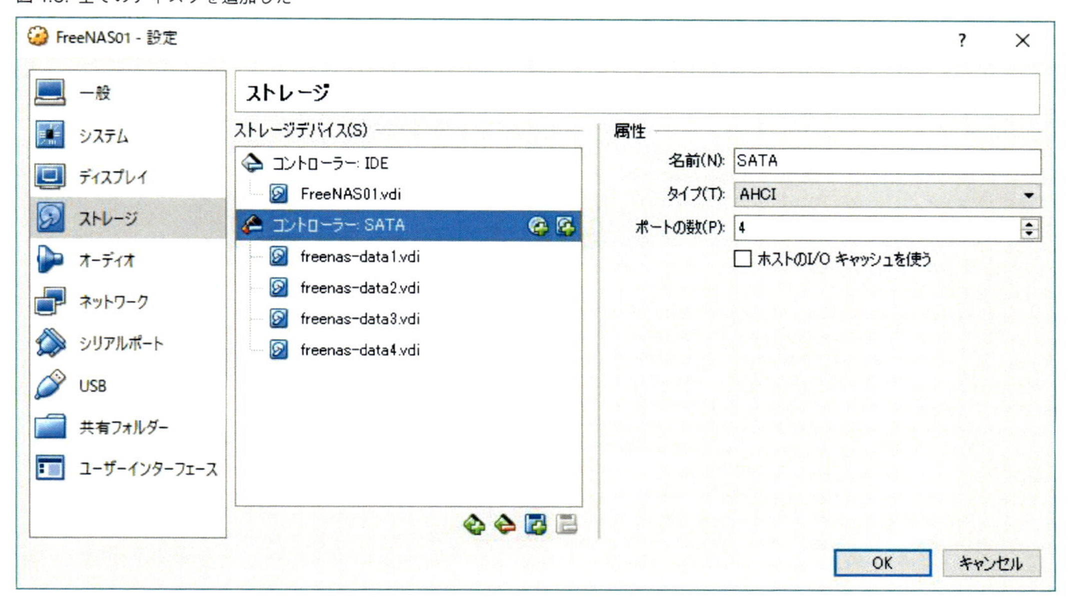

4.2 ディスクプールを作成する

VirtualBoxの仮想マシンにディスクを追加できたので、それをFreeNAS上でマウントして「ディスクプール」を作成しましょう。ディスクプールは、マウントされた複数の物理ディスクをまとめたものです。ディスクプールから使いたい容量ごとに、実際にユーザーが利用する「データセット」を作成します。

まずは、ディスクプールを作成するために、ストレージの管理画面へ移動します。

```
Storage > Pools
```

図4.7の通り、最初はプールが作成されていないため、「No Pools」となっています。「ADD」をクリックしてディスクを追加していきます。

図 4.7: ストレージプール設定

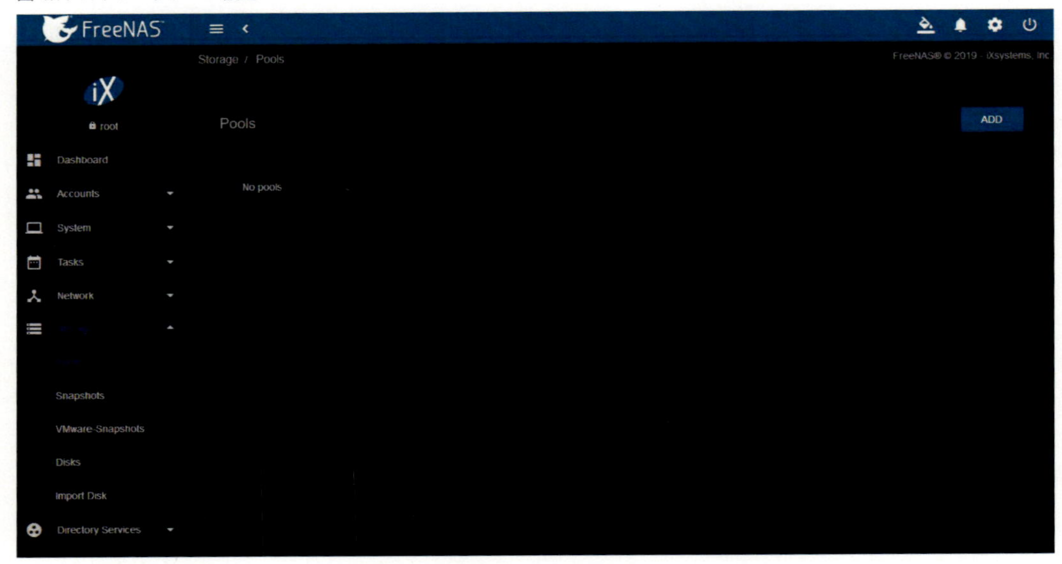

最初に、新規でプールを作成するか既存のプールをインポートするか選択します。新規で作成するには「Create new pool」を選択し、「CREATE POOL」ボタンを押します。

図 4.8: Create or Import pool

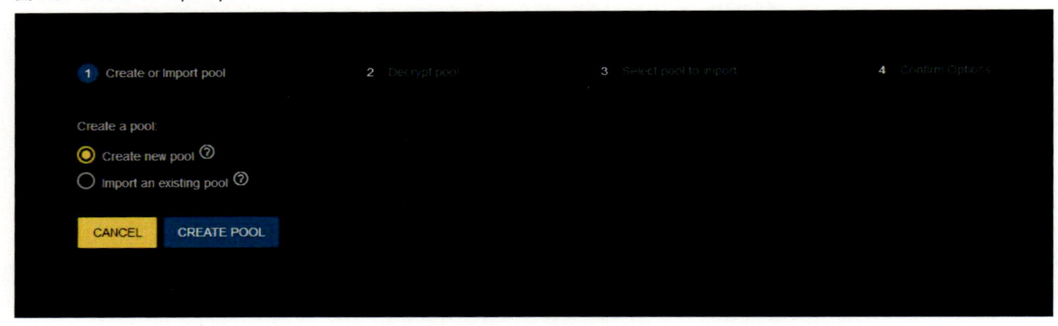

図4.9のようにプール作成画面へ遷移するので、各種値を設定していきます。

図 4.9: Pool Manager

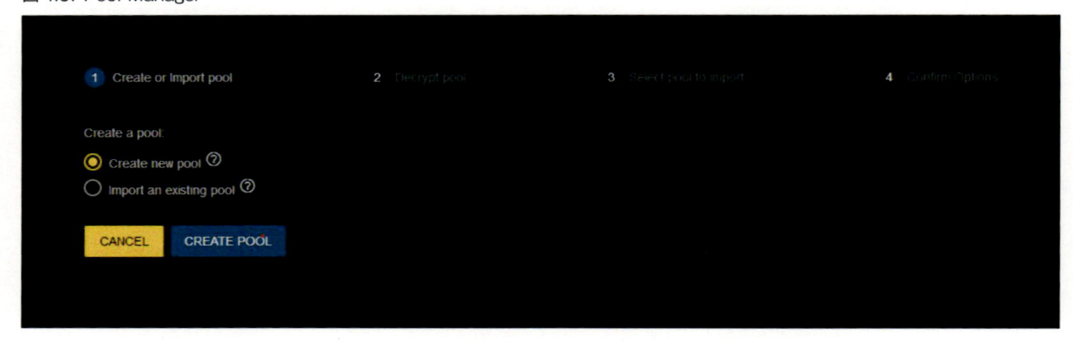

4.2.1 Name

プールの名前を入力します。必須項目です。FreeNASではプールやデータセットは「/mnt」ディレクトリの下に作成されます。そのため、ディレクトリ名として利用できない「/」などのような記号は使用できません。また、その他にも日本語や絵文字などの「マルチバイト文字」や「スペース」も管理上避けたほうが良いでしょう。

4.2.2 Encryption

プールの暗号化を行えます。今回は利用しません。暗号化を行うことで、暗号鍵がなければ中のデータを読み込むことができないようになります。これは、物理ディスクの盗難や、廃棄時のデータ漏洩を防ぐために利用されます。

勘違いされることが多いのですが、Encryptionは不正アクセス等などからデータを守る機能ではありません。また、暗号鍵を失った場合はデータへアクセスすることができなくなるため、鍵を適切に管理する必要があります。さらに、暗号化を行うとデータ利用時に暗号化と復号化を行うため、アクセス速度が低下することも留意する必要があります。Encryptionでの留意点は、公式のドキュメントにも掲載されていますので、Encryptionを検討している場合は、必ず一度目を通しておきましょう。

・Managing Encrypted Pools
　―https://www.ixsystems.com/documentation/freenas/11.2-U5/storage.html#managing-encrypted-pools

4.2.3 SUGGEST LAYOUT

クリックすると、空いているディスクからおすすめの構成を自動で選択してくれます。すでに構成が決定している場合は不要ですが、そうでない場合は一度クリックしてどのようなレイアウトが可能か確認しておくと良いでしょう。

4.2.4 Available Disks / Data VDevs

「Available Disks」は現在利用可能なディスクです。ここから必要なディスクを右側の「Data VDevs」へ移動させて選択します。

> **ディスクのフィルタリング**
>
> 「Filter disks by name」と「Filter disks by capacity」を利用することでディスクのフィルタリングを行えます。今回のような4本だけの構成であれば不要ですが、エンタープライズで利用されるようなラックマウント型のサーバーでは24本やそれを超えるディスクを搭載することがあります。そういった環境で適切にディスクを選択するために利用されます。
>
> 「Filter disks by name」ではディスクの名前を文字列で、「Filter disks by capacity」ではディスクの容量(GB)を数値でフィルタリングできます。これらは、PCRE形式の正規表現をサポートしています。例えば、ディスク名が「da」または「nvd」から始まるディスクをフィルタリングしたい場合は「^(da)|(nvd)」と入力します。

4.2.5 Pool Layout

利用したいディスクを「Data VDevs」に移動させると、その下にPool Layoutを選択するプルダウンメニューが有効になります。

それぞれのレイアウトは表4.1のようにRAIDのタイプと似た考え方になります。

表4.1: Pool LayoutとRAID

Pool Layout	RAID	必要なディスク	容量	耐障害性	速度
Stripe	RAID 0	1本	60GB	なし	高速
Mirror	RAID 1	2本	30GB	1本まで	低速
RAID-z1	RAID 5	3本	50GB	1本まで	高速
RAID-z2	RAID 6	4本	40GB	2本まで	普通
RAID-z3	-	5本	30GB	3本まで	普通

※容量は10GB x 6本の場合

さて、今回はディスクが2本まで壊れることが許容される「RAID-z2」を利用しましょう。プルダウンメニューから「RAID-z2」を選択します。すると「Estimated total raw data capacity」に想定される利用可能なディスク容量が表示されます。「CREATE」をクリックすることでプールの作成を開始します。クリックすると、ディスクを削除する警告が表示されますので、確認の上「Confirm」にチェックをいれ、「CREATE POOL」をクリックすることで処理が開始されます。プールの作成は、利用するディスクの容量に比例して時間がかかることに注意してください。また、暗号化を有効にした場合は、作成時にポップアップで「 Download Recovery Key」のリンクが発行されますのでそこから必ず秘密鍵をダウンロードしましょう。

また、オプションとして追加のデータプールを作成できる「ADD DATA」や追加のキャッシュを作成できる「ADD CACHE」、ログ用の「ADD LOG」、スペアディスク用の「ADD SPARE」なども利用できます。これらは本書では取り上げませんが、多くのディスクを利用した高可用性,高速ストレージを構築する上ではぜひとも利用しておきたい機能です。

さて、今回作成したプールは、物理ディスクの合計40GBに対しておよそ20GBが実際に利用可能な容量です。これは、前述の通りRAID5やRAID6に近い方式で冗長化を行っているためです。詳細や最新情報は公式ドキュメントを参照してください。FreeNASが採用しているZFSでは、次のようなRAID構成を構築することができます。

- Stripe
- Mirror
- RAID-z1
- RAID-z2
- RAID-z3

この内、RAID-zでの容量の計算はRAID5やRAID6と同等であり、次の式で計算することがで、きます。

```
利用可能な合計サイズ =
    ( 物理ディスク本数 - RAIDのパリティの数 ) x 物理ディスクの最小容量
```

よって、今回は1本あたり10GBのディスク4本をRAID-z2にて構築するため、次の通り40GBとなります。

```
20 GB =
    ( 4 本 - 2 ) x 10 GB
```

ただし、実際にはこの容量になることはなく、ここからもう少し減った容量となることが多いです。RAIDやRAID-zでのディスクサイズは、冗長性とコストのバランスですので、ユースケースに合わせて柔軟に設計しましょう。

> **RAID/Pool Layout**
>
> ・Stripe
> RAIDでのRAID-0に相当します。複数のディスクをひとつの仮想プールとしてまとめて利用します。データは、各ディスクに分散されて書き込まれ、読み込まれるために非常に高速に動作します。しかし、Stripeでは冗長化はされておらず、どれかひとつのディスクが故障したら仮想プール全体のデータをロストしてしまいます。
> ・Mirror
> RAIDでのRAID-1に相当します。全く同じデータを2本のディスクに書き込むことにより、冗長性を確保します。2本のディスクに同時に書き込みを行うため、書き込み速度は通常より低下しますが、読み込み時は同時に2本のディスクから読み込むことができるため高速化が期待できます。何より、片方のディスクが故障しても全く同じデータがもう片方に存在するため、データをロストし難いというメリットを持ちます。
> ・RAID-z1 - 3
> RAIDでのRAID5やRAID6に相当します。これらは、書き込みを行う際にデータとは別にパリティデータという情報も分散して書き込みます。このパリティデータは誤り訂正補正を持っており、万が一ディスクが故障した場合でもそのディスクが持っていたデータを補完することができます。RAID-zの場合、末尾の数字がどれだけパリティを分散させるのかという単位になっており、RAID-z2の場合はダブルパリティ、RAID-z3の場合はトリプルパリティとなっています。同時に、ディスク故障耐久もその数字の分だけあり、RAID-z1であれば1本、RAID-z2であれば2本、RAID-z3であれば3本まで故障してもデータをロストすることはありません。ただし、数字が上がるに連れて必要なディスク本数は比例し、それぞれ3本、4本、5本が最低のディスク本数となっています。
> 更に、RAID5やRAID6で問題となっているサイレントクラッシュという現象を、ストライプ全体への書き込みとコピーオンライトにより回避することができます。

4.2.6 適用する設定

・Name : tank
・Data VDevs : すべてのディスクを移動
・Pool Layout : RAID-z2

4.3 データセットを作成する

プールが作成できたと思いますので、データセットを作成していきます。プールが物理ディスクを仮想的にひとつにまとめたものに対して、データセットはそれらから任意の容量で切り出し、ファイル共有に利用する単位になります。例えば、100GBのプールから、部署Aに30GB、部署Bに70GBといったように分けることができます。この部署の単位がデータセットです。

データセットは、FreeNASでファイル共有を行うための基本的な単位であり、いくつでも切り出すことが可能です。なんと、プールの総容量を超えた容量でデータセットを作成することもできます。というのも、データセットに対するクォータ（容量）に任意の値を設定できるためです。これらについては、詳細はコラム クォータの上限にて解説しています。

また、データセットを分割することで異なる圧縮率や重複排除の有無、アクセス権限などを分けて設定することができます。

今回は、試しにふたつのデータセットを作成してみましょう。詳細は次のとおりとします。

表4.2: 作成するデータセット

データセット名	容量
dataset1	3GB
dataset2	7GB

データセットを作成するには、作成されたプール右端の詳細ボタンをクリックし、「Add Dataset」をクリックします。

図4.10: データセットを追加する

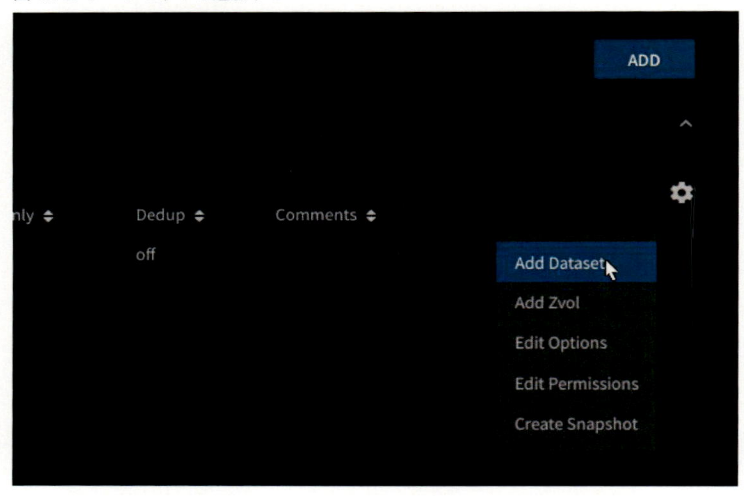

データセットの追加ページで、新たに「/mnt/tank」の下にデータセットを作成していきます。

図4.11: データセット追加設定

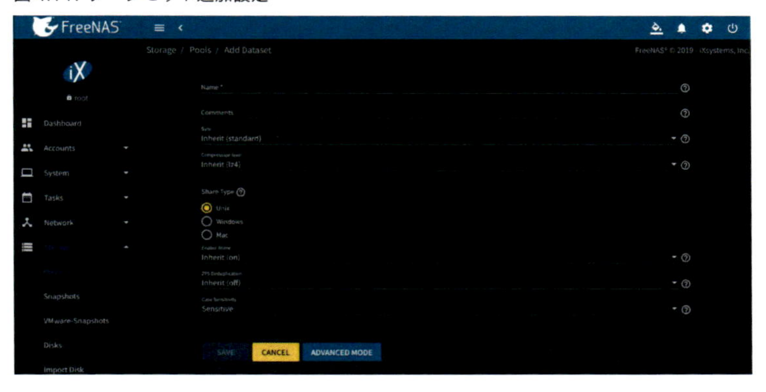

4.3.1 Name

データセットの名前を指定します。先程のプールと同様にディレクトリが作成されるため、利用可能な文字列や記号に注意して命名します。例えば「dataset1」という名前を指定した場合、実際のディレクトリ構造は次のとおりとなります。

```
/mnt/tank/dataset1/
```

4.3.2 Comments

データセットに対してコメントを設定できます。

4.3.3 Sync

データ書き込み同期の設定を変更します。書き込み同期についての詳細はこちらでは省きます。「Inherit」は親ディレクトリの設定を継承するもので、今回は「tank」プールの設定を継承することになります。その他に、設定変更可能なものとしては、「Standard」、「Always」、「Disabled」があります。「Standard」はクライアント（例えばWindowsやmacOS、Linuxなど）のソフトウェアから要求された方式を利用します。「Always」では常に書き込みが完了するのを待ちます。「Disabled」では常に書き込み同期が完了するのを待ちません。特別な理由がなければ「Inherit」(デフォルトではStandard)で間違いありません。

4.3.4 Compression Level

圧縮の方式を選択します。親ディレクトリから継承する「Inherit」の他に、「Off」、「lz4(recommended)」、「gzip(fastest)」、「gzip(default level, 6)」、「gzip(maximum, slow)」があります。圧縮を利用しない場合は、「Off」を選択します。「lz4」はFreeNASで推奨されている圧縮方式で、ほぼリアルタイムにアクセスが可能です。全てのファイルが圧縮されるわけではなく、一部の圧縮効率の高いファイルのみ圧縮が行われます。「gzip」には3段階のレベルがあり、「fastest」が

Level 1、「default」がLevel 6「maximum」がLevel 9となっています。レベルが高くなるに連れ、圧縮率が高くなりますが、アクセス速度が非常に遅くなってしまいます。通常の利用の場合は「lz4」を利用しておき、例えば定時バックアップなどのような定期的かつ決まったI/Oやデータ量の場合に「gzip」をおすすめします。

4.3.5 Share type

ファイル共有を行うタイプを選択します。そのデータセットをファイル共有する際の主なクライアントを指定します。NFSやiSCSIなどを利用する際は「Unix」、SMBを利用する際は「Windows」、AFPなどを利用する際は「Apple」を選択します。また、ひとつのデータセットに複数のプロトコルからアクセスする場合（例えばSMBとNFSで共有するなど）は、「Unix」を選択すると便利です。主にPermission関連で関わってくる設定です。データセットの作成後にも設定の変更は可能ですので、とりあえず「Unix」でも良いかもしれません。

4.3.6 Enable Atime

ファイルアクセス時に、atimeを利用するか選択します。atimeとは、ファイルへアクセスした際……正確には、ファイルに対してReadを行った際にタイムスタンプを更新する機能です。無効にするとパフォーマンスが向上する可能性があります。

4.3.7 Quota for this dataset

データセットにクォータ、つまり容量を設定できます。クォータを設定する場合は任意の値を入力することで設定されます。ユーザーからは例えば10GBと設定すれば10GBまでのデータセットとして認識され、それ以上利用することはできません。なお、クォータに「0」を指定した場合は、プールの容量と同一になります。

4.3.8 Quota for this dataset and all children

クォータをこのデータセットと、更に子の階層のデータセットに適用します。

4.3.9 Reserved space for this dataset

データセットに対して、予め予約領域を設定することができます。デフォルトの0ではクォータの領域は確保されておらず、別のデータセットに使用されてしまう可能性があります(コラム クォータの上限を参照)。Reserved Spaceを設定することで、指定された容量分予め予約することができるため、必ず利用できることが保証されます。

4.3.10 Reserved space for this dataset and all children

データセットの予約領域を、このデータセットと、更に子の階層のデータセットに適用します。

4.3.11　ZFS Deduplication

ZFS 重複排除を利用するかどうか選択します。なお、FreeNASでの重複排除は非常に便利ですが、トラブルの要因になることも多く、いきなり本番環境などで利用することは避けましょう。

事前に検証などを重ねて、理解した上で使用することをおすすめします。

4.3.12　Exec

Jailsやプラグインなどから、このデータセットに対してアクセスを許可するかどうか選択します。デフォルトでは「On」になっているため、例えばNextcloudなどのプラグインからデータセットを参照し、外部向けに公開するなどに利用できます。しかし、そういったプラグインなどから参照させたくない場合は、これを「Off」にすることで対応できます。

4.3.13　Read-only

データセットを読み込み専用にします。データセット作成時は無効にしておき、必要なファイルを設置後、有効にして読み込み専用データセットとして利用するなどができます。

4.3.14　Snapshot directory

ZFSのスナップショットを利用する際に作成される、「.zfs」ディレクトリを表示するか切り替えます。スナップショットは通常、データセットのマウントポイント配下に保存されます。「.zfs」ディレクトリ内には、スナップショットで取得された各種ファイルが格納されています。「Visible」で隠す、「Invisible」で表示されます。」通常見える必要はないため「Visible」で良いでしょう。データセット作成後も変更可能です。

4.3.15　Copies

データセットのコピーをいくつ作成するか指定します。

4.3.16　Record Size

データを格納させる際のレコードサイズを指定します。通常、ZFSではレコードサイズ（一般的にブロックサイズと呼ばれます）を可変させていますが、固定値で利用したい際に指定します。データベースなどのような、格納されるデータが限定的かつレコードサイズが想定できる場合は、データのオーバーヘッドが少なくなり、より効率的にデータを格納できます。ただし、データが限定的でない場合はパフォーマンスに影響が出る可能性があります。

4.3.17　Case Sensitivity

ファイル名やディレクトリ名の大文字と小文字を区別するかどうか指定します。「Sensitive」では大文字小文字を区別し、「Insensitive」では区別しません。また「Mixed」ではどちらのファイル共有にも対応します。例えばWindowsでは大文字小文字をを区別しません。対して、Linuxなどで採用されているXFSでは大文字小文字は区別されません。それぞれ、利用するファイル共有プロトコルに併せて設定を行いましょう。

次の通り設定を入力し、「SAVE」をクリックすることでデータセットが作成されます。

4.3.18 適用する設定

・Name : tank

項目が非常に多く見えますが、最低限「Name」だけ指定すればDatasetは作成できます。

なお、今回はストレージプール(tank)の直下に作成しましたが、データセットの下にさらにネストしてデータセットを作成することも可能です。手順は今回と変わらず、対象のデータセットのメニューから「Add datasets」をクリックして作成します。

クォータの上限

データセットのクォータは、プールの上限を超えた値を定義することができます。例えば、100GBのプールに対して1000GBのデータセットを作成することも可能です。実際の見え方はファイル共有のプロトコルに依存しますが、例えばWindowsのSMBで共有した場合は、1000GBの共有ディスクのように見えます。では、なぜこのようなことを行うのでしょうか。

現代は、クラウドなどのサーバー仮想化が当たり前になりました。CPUやメモリーなどのコンピュートリソースが実際に100%が利用される機会が少なく、多くの場合は余剰になることから、その余剰分を共有することでリソースの利用効率を上げることができます。同様に、ストレージもある程度のシステムであれば全てのシステムが必ず100%使用するとは限りません。そういったことから、FreeNASのデータセットはプールの上限を超えた容量を定義可能なのです。もちろん、これらはシステムやユーザー側でデータのライフサイクルがある程度決められており、データが増え続けるわけではなく、削除されることが前提にあります。そのため、用途やデータライフサイクルが不明瞭な場合は、こういった利用方法は推奨されません。

加えて、クォータを設定することでデータセットそのものに容量の制限をつけることはできますが、プール全体の容量制限はできないのです。例えば、100GBのディスクに対して40GBのデータセットを3つ作成しようとすると、3つ目が作成できないように想定されますが、作成ができてしまいます。この場合、どこかのタイミングで全てのデータセットの使用総容量が100GBに達した時点で、全てのデータセットがそれ以上データを書き込むことができなくなってしまいます。

このような、データライフサイクルが不明瞭でデータが増え続けるようなデータセットを作成する場合は、「Reserved Space」利用します。「Reserved Space」では、予め指定された容量を予約しておくことができます。もし、前述のような40GBを3つ作る場合、それぞれに40GBのReserved Spaceを設定します。すると3つ目のデータセットを作成する時点ではディスクはすでに80GBが使用されたように見えるため、残りの20GBを超える容量のデータセットを追加することができなくなります。このように、「Quota」と「Reserved Space」を活用することで、組織やシステムに沿った、柔軟なストレージシステムを構築することができます。

4.4 接続用ユーザーを作成する

作成したデータセットにアクセスするためのユーザーを作成します。

4.4.1 ユーザーとグループ

接続に利用するのはユーザーだけに限りません。ユーザーの所属するグループをもとにアクセスを制御することもできます。また、これらのユーザーやグループは、ActiveDirectoryなどの別のディレクトリサービスを利用している場合は、そちらの情報を参照することも可能です。今回は、最低限FreeNAS上にユーザーを作成してアクセスを行います。

4.4.2 ユーザーを作成する

ユーザーを作成するには、「Accounts」→「Users」と進みます。

```
Accounts > Users
```

図4.12: ユーザー設定

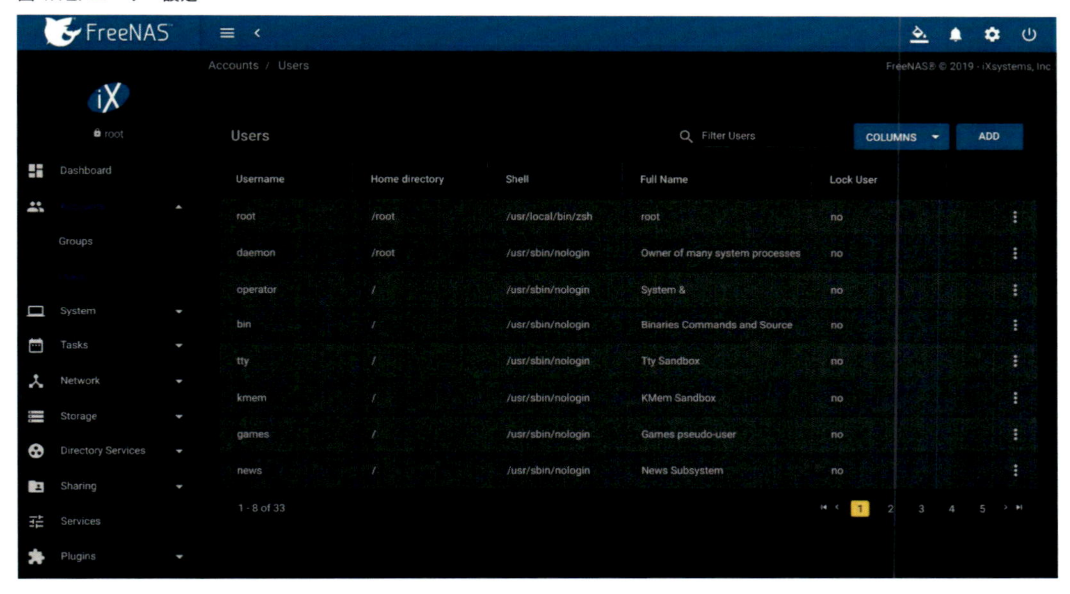

現在ログインしている「root」以外にも、FreeNASのシステムで利用されている多くのユーザーがすでに登録されています。ここにアクセス用のユーザーを追加しましょう。ユーザーの一覧右上の「ADD」をクリックします。

図4.13: ユーザーの追加

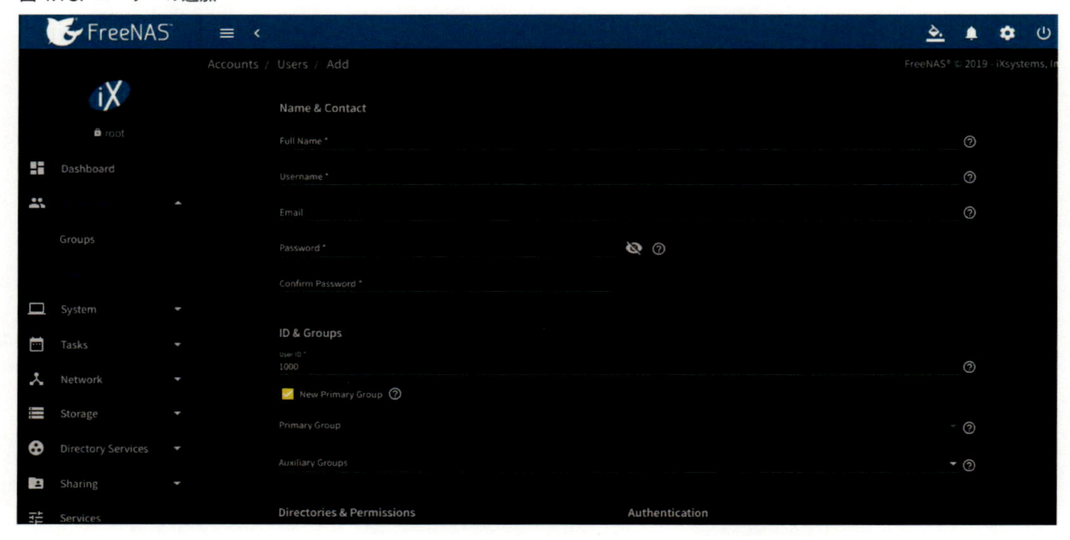

4.4.3 Name & Contact

4.4.3.1 Full Name

主に表示用の名前です。「User Name」と違い、スペースやマルチバイト文字が利用できます。

4.4.3.2 User Name

ログイン時に利用するユーザー名です。基本的には制限はありませんが、例えばハイフン（-）で始めることや、スペース、タブ、などの文字を含むことはできません。

4.4.3.3 Email

ユーザーに対するメールアドレスを入力できます。必須ではありません。

4.4.3.4 Password/Confirm Password

ユーザーに対するパスワードを設定します。後述する「Enable Password Login」が有効の場合は必須です。

4.4.4 ID & Groups

4.4.4.1 User ID

UserIDを指定します。空いている番号であれば基本的に制約なく使えますが、慣例的にユーザーは1000番台、システムユーザーは利用するポートと同等の数値を入力します。

4.4.4.2 Primary Group

作成したユーザーが所属するグループを入力します。例えば、所属する部署や役割などで決めると適切です。また、「New Primary Group」が有効の場合は新たにユーザーと同名のグループを作成します。

4.4.4.3 Auxiliary groups

「Primary Group」とは別にグループを指定できます。例えば、Wheelなどのグループに所属させる際に利用します。

4.4.5 Directories & Permission

4.4.5.1 Home Directory

FreeNASのディスク上に作成するユーザーのホームディレクトリを作成します。既存のディレクトリを指定した場合はそこをホームディレクトリとし、存在しない場合は新たに作成されます。

4.4.5.2 Home Directory Permissions

作成されるホームディレクトリのパーミッションを指定します。なお、これのディレクトリは最初から組み込まれていたユーザーからは読み込み専用として扱われるため、ホームディレクトリに対して書き込みや実行を行うことはできません。

4.4.6 Authentication

4.4.6.1 SSH Public Key

FreeNASへ鍵認証を使ってSSH接続するときの公開鍵を登録します。ここに入力した公開鍵が、「/home/[USER_NAME]/.ssh/authorized_keys」に登録されます。

4.4.6.2 Enable Password Login

FreeNASへSSH接続する際に、パスワードログインを許可するか選択します。

4.4.6.3 Shell

ローカルもしくはSSH接続した際に利用するシェルを選択します。

4.4.6.4 Lock User

このユーザーをロックします。一時的に制限をかけておきたい場合などに利用します。

4.4.6.5 Permit Sudo

ユーザーにsudoを許可します。sudoを利用する際は、ユーザー自身のパスワードを入力する必要があります。

4.4.6.6 Microsoft Account

ユーザーがMicrosoftアカウントを利用する場合はチェックをします。

4.4.6.7 適用する設定

例えば、「penguin」というユーザーを作成する場合は次の通り設定します。

- Full Name : penguin
- Username : penguin

・Password : 任意のパスワード
それ以外はデフォルト問題ありません。

4.5 データセットにユーザーを設定する

先程作成したユーザーをデータセットに設定します。データセットのパーミッション設定に移動します。

```
Storage > Pools > tank > test01 のメニュー > Edit Permissions
```

4.5.1 ACL Type

アクセスコントロールの方法をクライアントごとに設定します。NFSなどでLinuxから接続する際は「Unix」を、SMBなどでWindowsから接続する際は「Windows」などのように選択をします。

4.5.2 Apply User

ユーザー設定を既存の接続にも適用させるにはチェックを入れる必要があります。詳細はコラム「設定の再適用」を確認してください。

4.5.3 User

接続を許可するユーザーを指定します。共有フォルダーに接続する際は、指定したユーザーのユーザー名/パスワードで接続ができます。

4.5.4 Apply Group

グループ設定を既存の接続にも適用させるにはチェックを入れる必要があります。詳細はコラム「設定の再適用」を確認してください。

4.5.5 Group

接続を許可するグループを指定します。共有フォルダーに接続する際は、指定したグループに所属しているユーザーのユーザー名/パスワードで接続ができます。

4.5.6 Apply Mode

次のMode設定を既存の接続にも適用させるにはチェックを入れる必要があります。詳細はコラム「設定の再適用」を確認してください。
この設定はACL Typeで「Unix」または「Mac」を選択した場合に表示されます。

4.5.7　Mode

Owner(所有者)、Group(グループ)、Other(その他)に対して、Read(読み込み)、Write(書き込み)、Execute(実行)をそれぞれ指定できます。例えば、上記で指定したユーザーに対してのみ全ての権限を付与し、それ以外のユーザーには読み込みだけ許可する場合は、Owner列は全てチェックし、Group/OtherにはRead行のみチェックを入れるようにします。

この設定はACL Typeで「Unix」または「Mac」を選択した場合に表示されます。

4.5.8　Apply permissions recursively

チェックを入れると、再帰的にパーミッションを適用させます。現在設定しているデータセットの下にあるデータセット、もしくは共有フォルダーに存在するユーザーが作成したフォルダーに対してパーミッションを再帰的に設定します。上位のデータセットで設定を行うと、多くの設定をまとめてできるので便利ですが、意図しないデータセットが変更されることを防ぐために、必ず適用先のデータセットは確認してください。

4.5.9　適用する設定

- ACL Type : Windows
- User : penguin

設定の再適用

「Apply User」、「Apply Group」、「Apply Mode」を利用してより柔軟にパーミッションを設定できます。デフォルトでは全ての項目はチェックが入っているため、全ての項目がリセットされて再適用されます。しかし、例えばグループ設定だけを変更したい場合は、「Apply Group」だけチェックを入れて適用すると、他の設定には影響を与えずに設定を変更できます。

4.6　ファイル共有

作成したデータセットに共有機能を紐づけます。というのも、FreeNASではデータセットとファイル共有（SMBやNFSなど）は別扱いになります。そのため、単にファイル共有をしなければならなくても、ふたつの異なる設定を行わなければならなく、多少不便に感じてしまうかもしれません。しかし、これによって例えば特定のデータセットをNFSとSMBの両方で共有して、WindowsとLinuxから相互に共有できるようにするというようなことができます。こうすることで、例えばサーバー側で作成したデータを、クライアントでシームレスに扱うことができます。今回は、SMBとNFSでのファイル共有の手順をご紹介します。

4.6.1　ファイル共有プロトコル

FreeNASでは次のファイル共有プロトコルが利用できます。

・Apple (AFP)
・Unix (NFS)
・WebDAV
・Windows (SMB)
・Block (iSCSI)

図4.14: FreeNASで利用可能なファイル共有プロトコル

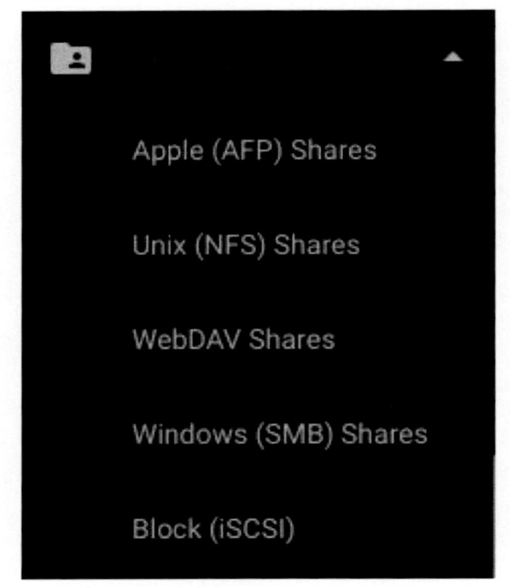

4.6.1.1　Apple (AFP)

macOSで利用可能な、Apple Filing Protocol(旧 AppleTalk Filing Protocol)が利用できます。筆者はApple使いではないため実際に利用したことはありませんが、現在はAFPは非推奨となり、SMBでの接続が推奨されています。そのため、新規で構築する際はAFPを選択する機会は少ないでしょう。

FreeNAS 11.2 U5 では、AFP「2.2, 3.0, 3.1, 3.2, 3.3, 3.4」が利用可能です。

4.6.1.2　Unix (NFS)

主にLinuxなどのようなUnixOSで広く利用されているNFSを利用できます。サーバーのリモートストレージとして利用する他に、仮想化OSで使われることの多いVMware ESXiのリモートストレージデバイスとして利用することも可能です。

FreeNAS 11.2 U5 では、「NFSv3」または「NFSv4」が利用可能です。

4.6.1.3　WebDAV

WebDAVはブラウザーや専用のクライアントソフトウェアで利用可能なHTTPファイル共有プロトコルです。

4.6.1.4　Windows (SMB)

主にWindowsで広く利用されているSMBです。また、Windows以外にもmacOSやLinuxなどでも利用できることから、非常に多くのクライアント接続用に利用されます。

また、SMB1はセキュリティー上の問題のためデフォルトで無効になっています。

4.6.1.5　Block (iSCSI)

サーバーとの接続用に利用されることの多いiSCSIプロトコルです。既存のTCP/IPネットワーク上を利用することができるため、Fibre Channelなどと比較して低コストに構築可能です。特に、VMware ESXiのSAN(Storage Area Network : ストレージ用の広帯域ネットワーク)接続用に利用されることが多いです。

4.6.2　認証について

FreeNASのファイル共有でのアクセスコントロールは、主に次のような方法があります。

・アクセスコントロールなし

・ユーザー/グループ

・ネットワークサブネット/ホスト名

4.6.2.1　制限なし

対象如何に関わらず、全てのユーザーが利用できる状態です。読み込み専用なファイルを誰でも見ることができる状態を構成することができます。また、自宅での利用なのでアクセスコントロールは行わず、読み書き実行全てを許可するようなケースもあります。データセット/ファイル共有ともに設定を行う必要があります。

4.6.2.2　ユーザー/グループ

特定のユーザーやグループにのみ権限を許可する方法です。ファイル共有での一般的なアクセスコントロール方法です。FreeNASに登録されているユーザーやグループ以外にも、既存のActiveDirectoryを参照することも可能です。データセット単位で設定をします。

4.6.2.3　ネットワークサブネット/ホスト名

特定のネットワークに所属するクライアントを許可または拒否します。もしくは、指定のホスト名を持つクライアントを許可または拒否します。ファイル共有単位で設定します。

これらはいずれかひとつを選択するわけではなく、組み合わせて利用することができます。例えば、特定のユーザーやグループかつ、サブネットに所属しているクライアントのみ許可するようにすれば、「なりますし」の脅威を減らすことができます。また、「データセットのパーミッション」にて指定した「FileType: Unix (NFS)」などを利用することで、例えば書き込み/実行は特定のユーザーやグループに限定し、読み込みは誰でも行えるというような方法もあります。

4.6.3 SMB共有を構成する

まずは、Windowsでのアクセスを実現するために、SMBによるファイル共有を設定します。次の手順でSMBの設定を開きます。

```
Sharing > Windows (SMB) Shares
```

図4.15: SMBの共有設定

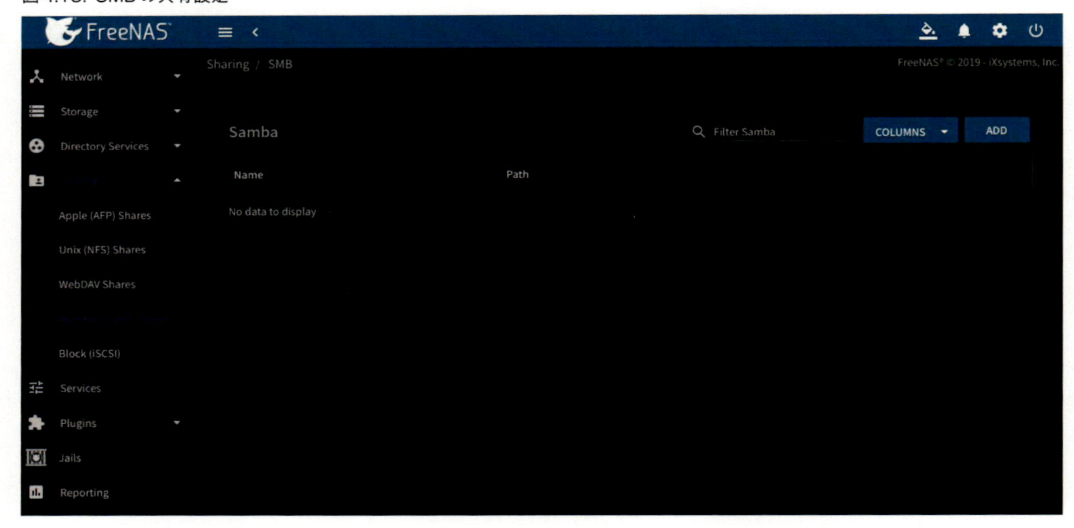

最初は何も設定がないため、右上の「ADD」をクリックして設定を追加します。

図4.16: SMB共有の追加

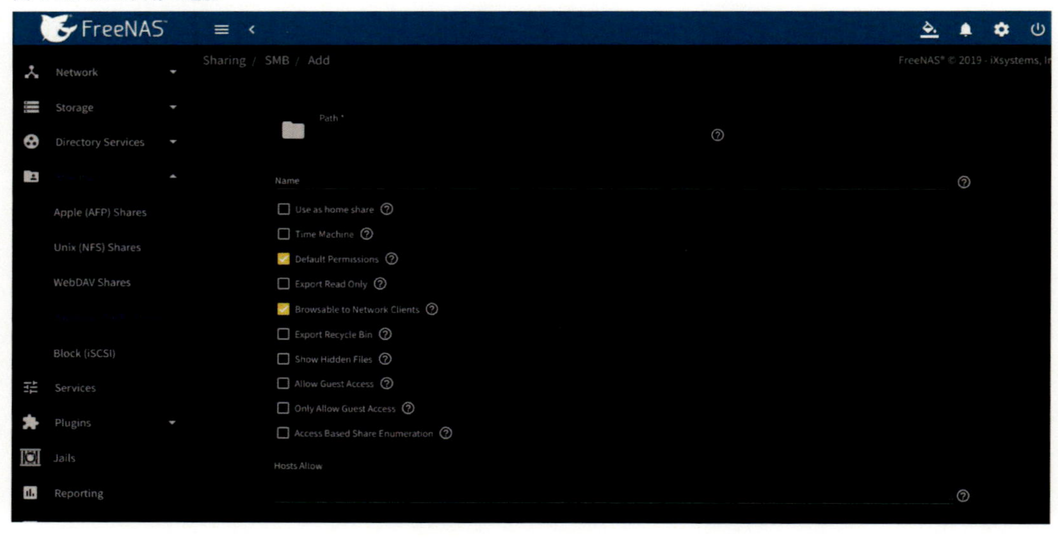

4.6.3.1 Path

ファイル共有を行いたいデータセットを指定します。テキストボックスに直接アドレスを指定することも可能ですが、隣のフォルダーアイコンをクリックすることでマウスでも選択することができます。なお、ここで指定したデータセットは別のファイル共有でも利用可能です。

4.6.3.2 name

ファイル共有名を指定します。Windowsでファイル共有名に利用できない記号(" / \ [ ] : | < > + = ; , ? *)は利用できません。なお、「global」は予約名として利用されているため使用できません。

4.6.3.3 Use as home share

FreeNASではユーザーごとにホームディレクトリを利用できますが、それを指定したファイル共有に固定します。これは複数のファイル共有に設定することはできません。

4.6.3.4 Time machine

FreeNASをApple Time Machineの接続先として利用する場合に利用します。

4.6.3.5 Default Permissions

デフォルトの設定を適用する場合に利用します。デフォルトの設定は次の通りです。カスタムなパーミッションを設定する場合は、チェックを外します。

・Owner(ユーザー)/Group(グループ)にRead(読み取り)とWrite(書き込み)を許可

・Other(その他)にRead(読み込み)を許可

4.6.3.6 Export Read Only

このファイル共有での接続を読み込み専用にします。データセットに適用するわけではないので、他のファイル共有には影響しません。

4.6.3.7 Browsable to Network Clients

チェックを外した場合、ネットワーククライアント上で表示されません。Windowsであれば、エクスプローラーなどでFreeNASのIPアドレスに接続した場合、全てのファイル共有フォルダーが見えてしまいます。しかい、この設定を有効にすることで、共有フォルダーの一覧に表示されなくなります。「FreeNASのIPアドレス\ファイル共有名」を直接指定すればアクセスできます。

4.6.3.8 Export Recycle Bin

Windowsのゴミ箱の対象とします。この設定にチェックを入れると、ファイルを削除しても専用の隠しディレクトリへ一旦移動され、Windowsのゴミ箱から完全削除を行わない限り削除されません。

4.6.3.9 Show Hidden Files

Unixの隠しファイルをWindows上で表示させます。

4.6.3.10　Allow Guest Access

ゲストアクセスを許可します。なお、データセットのPermissionの「Mode」のOtherに対して許可を与える必要があります。

4.6.3.11　Only Allow Guest Access

ゲストアクセスのみ許可します。

4.6.3.12　Access Based Share Enumeration

FreeNASの読み書き情報をWindowsのファイル共有設定にも表示させます。

4.6.3.13　Hosts Allow

アクセスを許可するクライアントを指定します。指定フォーマットはIPアドレス(例: 192.168.0.1)、サブネット「192.168.0.0/24」、ホスト名を利用できます。次の「Hosts Deny」と組み合わせて利用します。

4.6.3.14　Hosts Deny

アクセスを拒否するクライアントを指定します。指定フォーマットはIPアドレス(例: 192.168.0.1)、サブネット「192.168.0.0/24」、ホスト名を利用できます。Hosts Allowに何も指定されていなければ、ここに指定されたクライアント以外は全て許可になります。

4.6.3.15　VFS Objects

オプションとして仮想ファイルシステムモジュールを追加します。詳細は公式ドキュメント[1]を参照してください。

4.6.3.16　Periodic Snapshot Task/

スナップショットタスクを指定します。「Storage > Snapshots」で指定したスナップショットジョブを選択します。

4.6.3.17　Auxiliary Parameters

その他のオプションとして、smb4.confに記載可能なパラメータを指定できます。

4.6.3.18　適用する設定

次の通り設定を変更し、「SAVE」をクリックします。

- Path: /mnt/tank/test01
- Name: test01

SAVEを行うと、「Enable service」というプロンプトが出てきます。これは、SMBサービスが現在稼働していないため、有効にするかどうかというものになります。「ENABLE SERVICE」をク

1.VFS Objects : https://www.ixsystems.com/documentation/freenas/11.2-U5/sharing.html#avail-vfs-modules-tab

リックして有効にします。

4.6.4　SMBで接続を行う

構成したSMBサービスに、クライアントから接続します。クライアントはWindows10を利用します。また、接続前にクライアントとFreeNASが疎通できることを確認しておきましょう。

まずは、Windowsにて「Explorer」を開きます。Explorerのアドレスバーに「\\10.100.0.5」のように、FreeNASのIPアドレスを入力します。

図4.17: ExplorerからFreeNASに接続

エクスプローラー
ファイル
ホーム
共有
表示
¥¥10.100.0.5
クイック アクセス
よく使用するフォルダー (8)

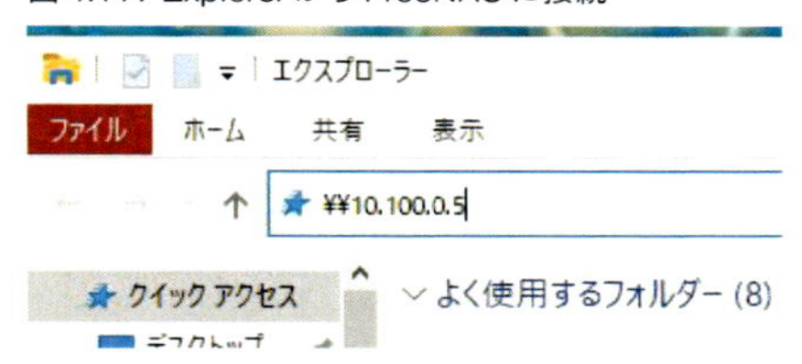

アクセスすると、ユーザー認証が出ると思います。次の通り入力しましょう。

・ユーザー名 : 先ほど作成したユーザー(例: penguin)
・パスワード : 先ほど作成したユーザーのパスワード

図4.18: 作成したユーザーでログイン

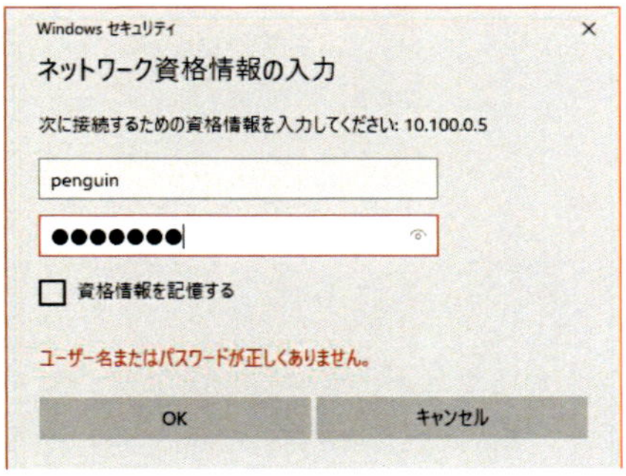

Windows セキュリティ
ネットワーク資格情報の入力
次に接続するための資格情報を入力してください: 10.100.0.5
penguin
資格情報を記憶する
ユーザー名またはパスワードが正しくありません。
OK
キャンセル

FreeNASの共有フォルダーが見えるようになります。現在は、先ほど作成した「test01」のみが見えていると思います。他にファイル共有を作成すれば合わせて見えるようになります。

図4.19: 作成したフォルダーが確認できる

これでSMBでのファイル共有が完了しましたので、「test01」フォルダーへアクセスし、ファイルの作成などを行って読み書きができることを確認しましょう。

4.6.5 NFS共有を構成する

続けて、NFSでの共有を行います。データセットは同じものを利用し、ファイル共有にNFSを利用してみましょう。また、クライアントはLinuxを利用し、ディストリビューションは「CentOS7」です。

FreeNASのNFSのファイル共有画面へ移動します。

```
Sharing > Linux (NFS) Shares
```

図4.20: NFSの共有設定

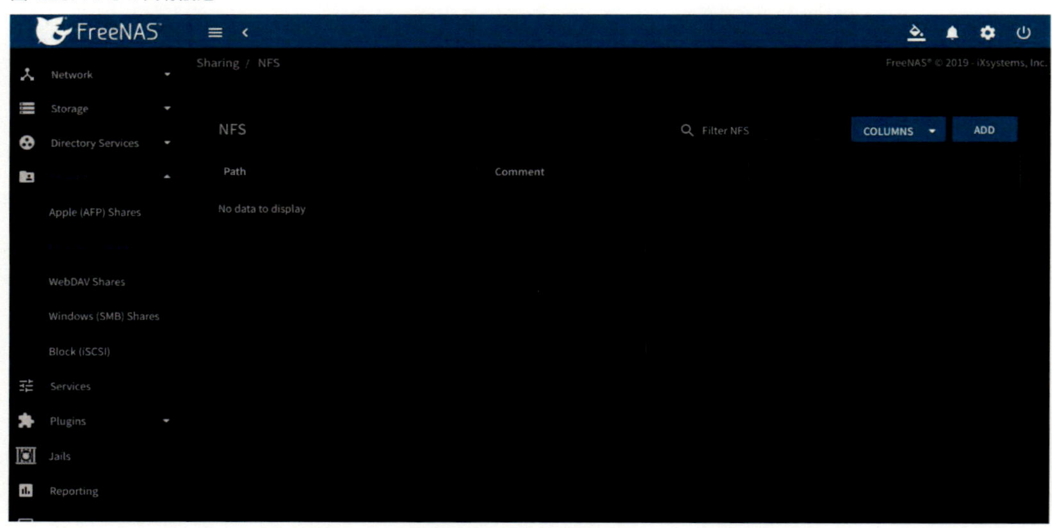

「ADD」をクリックして新規に設定を追加します。

図4.21: NFS共有の追加

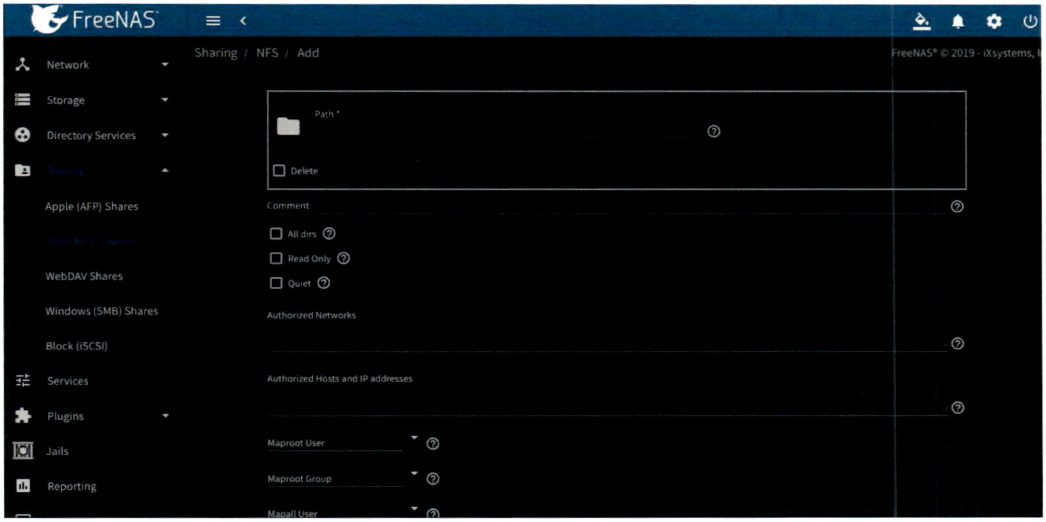

4.6.5.1 Path

ファイル共有を行いたいデータセットを指定します。SMB同様、テキストボックスに直接アドレスを指定することも可能ですが、隣のフォルダーアイコンをクリックすることでマウスでも選択することができます。なお、ここで指定したデータセットは別のファイル共有でも利用可能です。

4.6.5.2 Comment

このNFSファイル共有に関してコメントを記載できます。コメントの内容は何にも影響を与えないため、自由に記入できます。

4.6.5.3 All dirs

Pathで指定したデータセット以外に、その下のディレクトリもクライアントからマウント可能にします。

例えば、「/mnt/tank/test01」をPathに指定し、この設定を有効にすると、その下に作成した例えば「/mnt/tank/test01/user01」などのようなディレクトリも追加でファイル共有を作成せずにマウントすることができます。

4.6.5.4 Read Only

このファイル共有での接続をReadOnlyにします。データセットに適用するわけではないので、他のファイル共有には影響しません。

4.6.5.5 Quiet

エラーメッセージの出力を抑制します。

4.6.5.6　Authorized Networks

CIDR表記(例: 192.168.0.0/24)のネットワークのアクセスを許可します。空にすることですべてのネットワークを許可します。

4.6.5.7　Authorized Hosts and IP Address

接続元のIPアドレス(例: 192.168.0.1)もしくはホスト名をもとにアクセスを許可します。空にすることですべての接続元のアクセスが許可になります。

4.6.5.8　Maproot User

クライアントから接続時にrootユーザーを使用している場合は、この設定に指定したユーザーのパーミッションが適用されます。例えば、「penguin」を入力した場合は、「penguin」ユーザーが接続できないディレクトリには接続することができません。

4.6.5.9　Maproot Group

クライアントから接続時、rootユーザーを使用している場合は、この設定に指定したグループのパーミッションが適用されます。

4.6.5.10　Mapall User

クライアントから接続時、root以外のユーザーを使用している場合は、この設定に指定したユーザーのパーミッションが適用されます。

4.6.5.11　Mapall Group

クライアントから接続時、root以外のユーザーを使用している場合は、この設定に指定したグループのパーミッションが適用されます。

4.6.5.12　適用する設定

次の通り設定を変更し、「SAVE」をクリックします。

・Path: /mnt/tank/test01

SAVEを行うと、「Enable service」というプロンプトが出てきます。SMB同様、NFSサービスが現在稼働していないため、有効にするかどうかというものになります。「ENABLE SERVICE」をクリックして有効にします。これでFreeNAS側の設定は完了です。

クライアントのCentOS7へ移り接続を行います。接続には、「nfs-utils」パッケージが必要となります。インストールされていなければ、次の通りインストールを行います。更に、「rpcbind」サービスが起動している必要がありますので、これも起動していなければ起動します。

```
# yum install -y nfs-utils
# systemctl start rpcbind.service
```

必要なパッケージのインストール、サービスの起動を行ったらマウントを行います。次のコマンドを参考にマウントを行いましょう。今回はクライアントのCentOS7にマウント用のディレクトリ「/mnt/freenas」を作成し、そこにマウントします。

```
# mkdir /mnt/freenas
# mount -t nfs 10.100.0.5:/mnt/tank/test01 /mnt/freenas
```

特にエラーが出なければ、「df」コマンドでマウントできていることを確認しましょう。

```
ファイルシステム                サイズ  使用  残り  使用% マウント位置
/dev/mapper/cl-root              14G  1.1G   13G    8% /
devtmpfs                        446M     0  446M    0% /dev
tmpfs                           457M     0  457M    0% /dev/shm
tmpfs                           457M  6.0M  451M    2% /run
tmpfs                           457M     0  457M    0% /sys/fs/cgroup
/dev/sda1                      1014M  138M  877M   14% /boot
tmpfs                            92M     0   92M    0% /run/user/0
10.100.0.5:/mnt/tank/freenas 10G  128K   10G    1% /mnt/freenas
```

これで終了です。無事、Windows・Linuxでマウント出来ましたか？

ここまでで最低限FreeNASでのファイル共有が構成できたと思います。ただし、今回の設定は最低限の内容ですので、より実現したい環境に合わせて柔軟に設定を変更していきましょう。

第5章　FreeNASの基本運用

本章では、構成したFreeNASをより快適に使う方法についていくつかご紹介いたします。

5.1　FreeNASをアップデートする

FreeNASは様々な機能がひとつにまとまっており、一見複雑に思えます。しかし実態は基本となるOSに各種ミドルウェアをインストールし、それらをWebGUIで簡単に操作できるようにしています。FreeNASの裏では、例えば次のようなパッケージが動いています。

・FreeBSD(OS)

・SMB Server サービス

・NFS Server サービス

・FTP Server サービス

・Nginx サービス

・etc…

さて、これらのパッケージですが、新規機能追加や脆弱性対応はどうするのでしょうか。FreeBSDには、「pkg」というパッケージマネージャがあり、通常はそれを利用して各種パッケージの更新を行います。しかし、FreeNASではそれは推奨されていません。多くのパッケージが密接して動いているので、どこかに大きな変更があったとき、それによって別のどこかが破損してしまう可能性があります。そのため、FreeNASでは個別のパッケージのアップデートを行うことはできません。

では、どのようにしてアップデートを行うのかというと、FreeNAS自身の持つ更新機能を利用します。FreeNASには、先に挙げたようなパッケージの一括更新を行うことのできる機能が実装されています。今回はこれを利用して更新を行ってみましょう。

FreeNASのアップデート通知

FreeNASのアップデート情報はいくつ可能方法で確認することができます。

一番簡単なものだと、FreeNASのアップデートは公式サイトのReleasesページで確認できます。主に1ヶ月に1回程度の頻度で更新されているので、たまにのぞいてみると良いかもしれません。

その他にも、メーリングリストへ登録しておくと、New Releaseのメールが来ることがあります。また、FreeNAS自身も定期的にサーバーにアップデートを確認しています。この場合は、FreeNASからrootに登録したメールアドレスへUpdateの旨のメールが来ていることがあります。

・FreeNAS Release Note

―https://www.ixsystems.com/blog/knowledgebase_category/freenas-release-notes/

5.1.1 アップデートを実行する

アップデートを行うためには、まずアップデートの画面へ遷移しましょう。なお、今回はアップデートの検証のために、意図的に1世代古い「FreeNAS11.2-U4」を構築しました。

```
System > Update
```

ページに遷移すると、画面にTrainと更新ボタンが表示されます。

図5.1: Trainと更新ボタン

TrainはGitでのブランチに近い考えです。このTrainを選択して、どのUpdateを受け取るのか選択します。例えばデフォルトでは「release」が選択されており、安定版のUpdateを受け取ります。他にも「nightly」というTrainがふたつあり、ひとつはSDK(Software Development Kit：開発用ツール群)が含まれるもの、ひとつは含まれないものとなります。安定性を犠牲にして、より新しいバージョンを利用したい場合や、FreeNASに関するツールなどを作成していて、今後リリース予定の機能を予め利用したい場合にこれらは選択します。通常は「release」を選んでおいて問題ありません。

希望のTrainを選択し、横の更新ボタンを押すことでFreeNASはサーバーへ新規のアップデートがないか問い合わせを行います。新しいアップデートがある場合は、最新のアップデートが表示され、「FETCH AND INSTALL UPDATES」とあるボタンが表示されます。合わせて、各コンポーネントのアップデート前と後のバージョンが表示されます。

図5.2: アップデートがある場合はこのように表示される

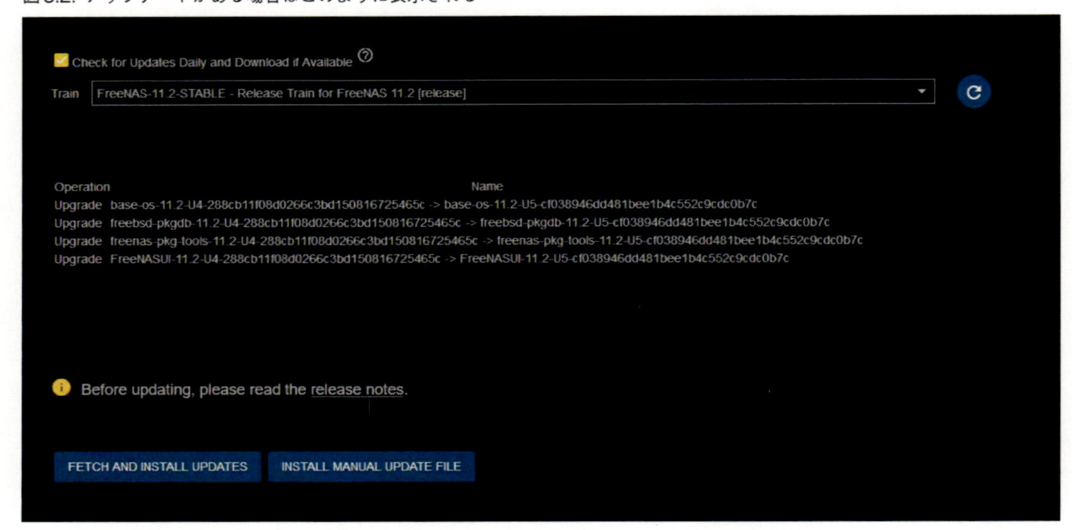

アップデート内容が問題なければ、「FETCH AND INSTALL UPDATES」をクリックしてアップデートを開始します。

続けて、設定の保存を促すプロンプトが表示されます。

図5.3: 設定の保存が促される

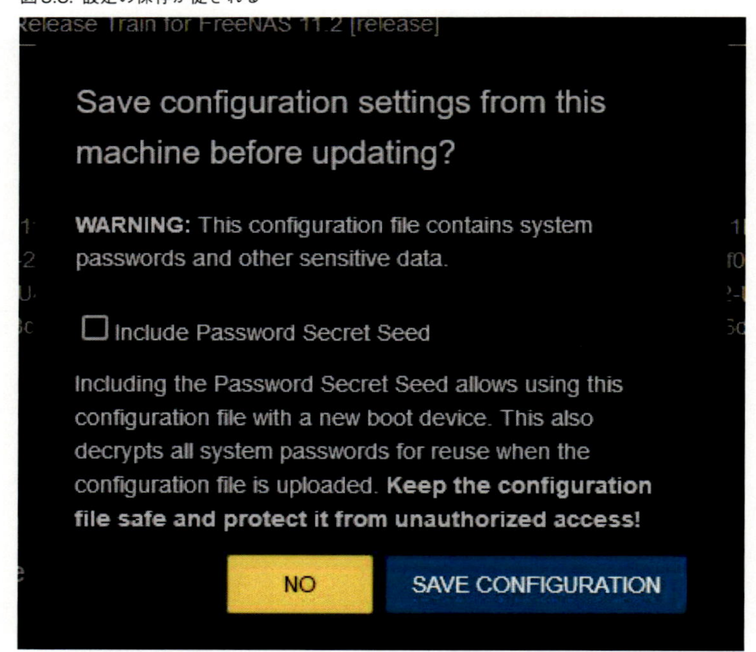

基本的にアップデートによってOSが破壊されてしまうということは考えにくいですが、特に長期間運用し続けている場合は、想定し得ない原因によってアップデートが失敗し、OSが正常に起動

しないということは意外とあるものです。

そういった場合でも、アップデート前の状態に戻すことができるよう、この時点で設定の保存を促されます。単にファイルをダウンロードするだけですので、ぜひアップデートを行う際はバックアップデータのダウンロードを推奨致します。

「SAVE CONFIGURATION」をクリックすることで最新のバックアップデータを取得できます。また、「Include Password Secret Seed」にチェックを入れることで、パスワードやメールアドレスなどの情報を暗号化して保存します。

バックアップを取得するか、「NO」をクリックするとアップデートの再度確認のプロンプトが表示されます。

図5.4: Updateの確認

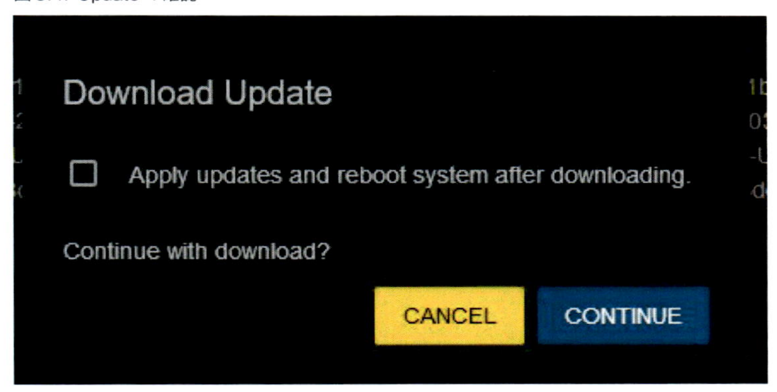

そのまま「CONTINUE」をクリックするとアップデータのダウンロードを行います。この場合、インストールやそれに伴う再起動は都度ボタンをクリックしなければ行いません。

もしも、一連の作業を自動でまとめて行いたい場合は、「Apply updates and reboot system after downloading.」にチェックを入れることで、インストールから再起動まで自動で行います。

例えば、予めダウンロードだけは行っておき、深夜などの非利用時間帯にインストールと再起動を行うよう運用も可能です。これらは、実際に行う環境に合わせて選択しましょう。

今回は検証環境ということもあり、チェックを入れてすべて自動で行います。「Apply updates and reboot system after downloading.」にチェックを入れたことを確認して、「CONTINUE」をクリックしましょう。進捗が表示され、ダウンロードが完了すると自動で再起動が行われます。

図5.5: Updateの進捗

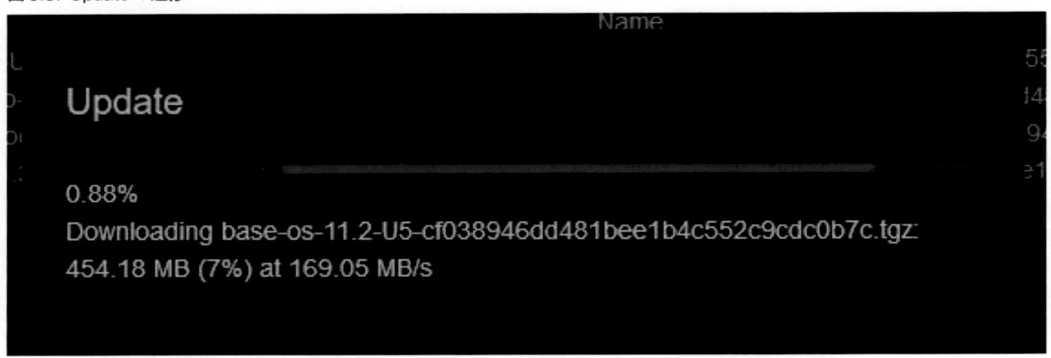

一旦自動でログアウトが行われますが、無事再起動/アップデートが完了すると、WebGUIへログイン可能になります。アップデートによって更新されたバージョンは「Dashboard」で確認できます。

「Information」の「ビルド名」が最新になっていることが確認できると思います。はい！これでFreeNASのアップデートは完了しました。

図5.6: 無事アップデートが完了した

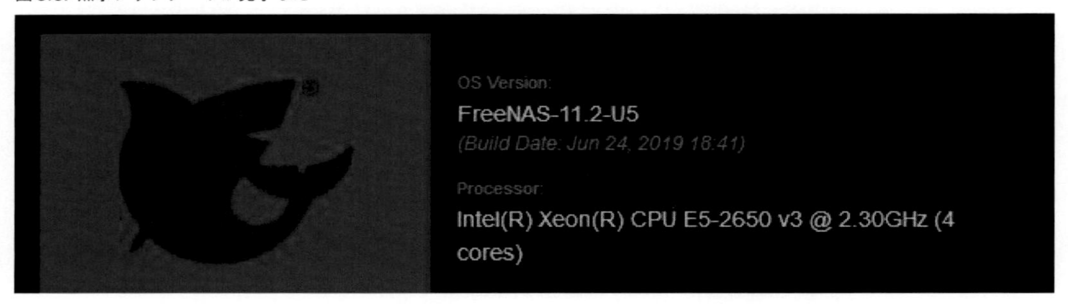

FreeNASは一見、複雑に見えてしまい、アップデートなどの管理は大変と思われがちですが、このように非常に簡単に行える仕組みが備わっています。また、何かしらの理由に寄ってアップデートからロールバックしたいときでも、今回と同様にGUI上から簡単に戻すことができる仕組みも実装されています。

5.2 FreeNASをロールバックする

FreeNASには、簡単にアップデートができる機能があることをご紹介しました。更に、簡単に以前のシステムにロールバックする機能も存在します。今回はこの機能を使って、以前のシステムへ戻してみましょう！

ロールバックの注意点

当然ですが、ロールバックを行うためには、以前のファームウェアがインストールされている必要があります。これは、新規インストールもしくはアップデートによって、対象のバージョンで稼働していた実績が必要になります。例えば、「FreeNAS11.2-U5」から「FreeNAS11.2-U4」へロールバックしたい場合は、「FreeNAS11.2-U4」をインストールもしくはアップデートしている必要があります。そのため、例えば新規で「FreeNAS11.2-U5」をインストールしたFreeNASは、「前のバージョン」が存在しないため、どのバージョンへもロールバックすることができません。

更に、FreeNASのアップデートは、基本的に最新をインストールするため、例えば最新バージョンが「FreeNAS11.2-U5」のタイミングで、「FreeNAS11-U3」からアップデートを行うと、「FreeNAS11.2-U4」はスキップされてしまいます。その後インストールする「FreeNAS11.2-U5」から「FreeNAS11-U4」へは、イメージが存在しないため、ロールバックできません。

そのため、FreeNASのロールバック機能は、自由に過去のバージョンに行き来できる機能ではなく、あくまでも「何かあったときに直前に戻す」機能として捉えましょう。ちなみに、以前のバージョンのインストールイメージは公開されている[1]ため、手動で上書きインストールすることで特定のバージョンに戻すことも可能です。

1.https://download.freenas.org/11/

まずは、システムのロールバックページへ移動します。

```
System > Boot Environments
```

図5.7: Boot Environmentsの設定

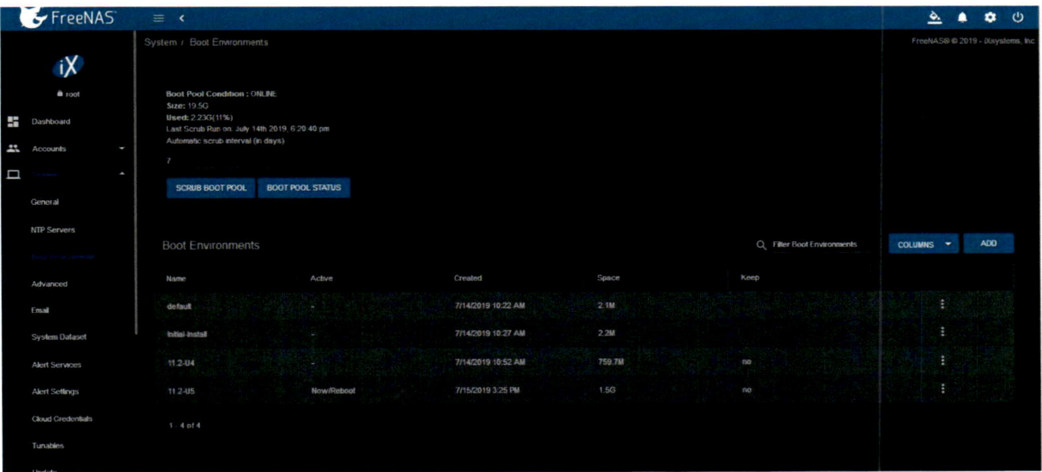

現在は、次の4つがあることが確認できます。

- Default
- Initial-Install
- 11.2-U4
- 11.2-U5

「Default」は現在のBootシステムバージョン。「Initial-Install」は、インストール直後のクリーンなシステムバージョンを指します。その他は、それぞれのインストールされたバージョンです。現在は、「11.2-U5」が「Now/Reboot」とあり、「11.2-U5」で起動していることが確認できます。

今回は、「11.2-U4」」へ戻したいので、「11.2-U4」のメニューから「Activate」を選択します。選択したバージョンにActivateして良いかプロンプトが表示されるので、「ACTIVATE」をクリックします。

すると、「Active」列の「Reboot」が「11.2-U4」に移動したことが確認できます。これは、現在(Now)は「11.2-U5」で、Reboot後は「11.2-U4」で起動するということです。ですので、次回再起動時に「11.2-U4」で起動することになります。試しに再起動を行い、バージョンが変わったことを確認してみましょう。

これでファームウェアのロールバックは終了です。非常に簡単にロールバックが行えることがおわかりいただけたと思います。ぜひ、簡単にアップデートを行えること併せて覚えておいてください。

5.3 FreeNASが壊れた時に設定を戻す

FreeNASは各種設定をバックアップすることができます。これには、ネットワークなどのOSとしての情報の他に、SMBなどのファイル共有の設定、更にはデータディスクのマウント設定なども含めてすべてバックアップを行います。

つまり、万が一OSが壊れてしまうことや、ブートディスクが故障してしまっても、インストーラーを使って以前の状態にリストアすることが可能です。ここでは、FreeNASのブートディスクが壊れてしまったと想定して、再構築を行ってみましょう。手順は次のとおりです。

1. 設定のバックアップを定期的に取得する
2. FreeNASをシャットダウンする
2. 壊れたFreeNASのデータ用ディスクを外す
3. 新しいブート用ディスクなどに新規でFreeNASをインストール（WebGUIにアクセスできるまで）
4. 外したディスクを再接続
5. 新しいFreeNASに設定をインポートする

5.3.0.1 1. 設定のバックアップを定期的に取得する

そもそも、復元するためのバックアップがなければ復元することはできません。定期的に設定のバックアップを取得し、クラウドストレージなど、FreeNASとは別の場所へ保存しましょう。

図5.8: 設定ファイルをダウンロードする

5.3.0.2　2. FreeNASをシャットダウンする

多くの場合はブートディスクが故障すると、WebGUIが利用できなくなる場合が多いですが、運良く利用できるときはそちらからシャットダウンを行いましょう。WebGUIが正常に利用できない場合はこの工程を飛ばします。

WebGUI右上の電源ボタンから「Shut Down」をクリックします。

図5.9: FreeNASをシャットダウン

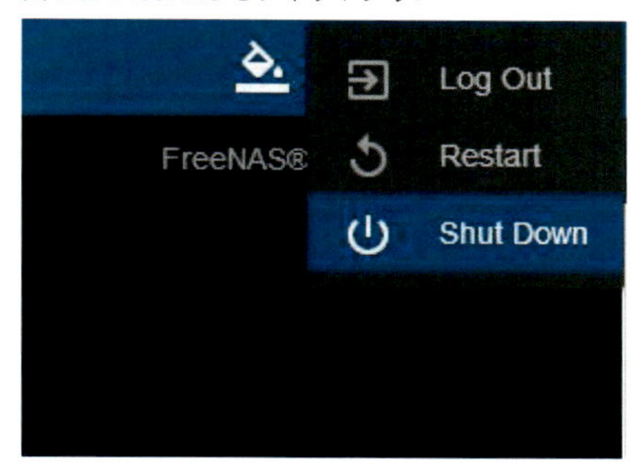

5.3.0.3　3. 壊れたFreeNASのデータ用ディスクを一旦外す

必須ではありませんが、誤ってデータディスクにOSをインストールしてしまわないために、データディスクは物理的に切断しておくと良いでしょう。

5.3.0.4　3. 新しいブート用ディスクなどに新規でFreeNASをインストール（WebGUIにアクセスできるまで）

第2章から第3章までを確認しながら、再度インストールしましょう。流れは全く同一で、まずはWebGUIに接続できるところまで確認しましょう。注意点として、もしもデータディスクを外さない状態で再構築を行う場合は、ディスクの容量などを基準にインストール先を選択しましょう。

5.3.0.5　4. 外したディスクを再接続

WebGUIにアクセスできたら、一旦FreeNASをシャットダウンしてデータ用ディスクを再接続しましょう。接続後、再度FreeNASを起動し、WebGUIでアクセスできることを確認しましょう。

5.3.0.6　5. 新しいFreeNASに設定をインポートする

バックアップした設定ファイルをインポートします。設定画面へ移動し、「UPLOAD CONFIG」をクリックします。

```
System > General > UPLOAD CONFIG
```

図5.10: 設定ファイルのアップロード

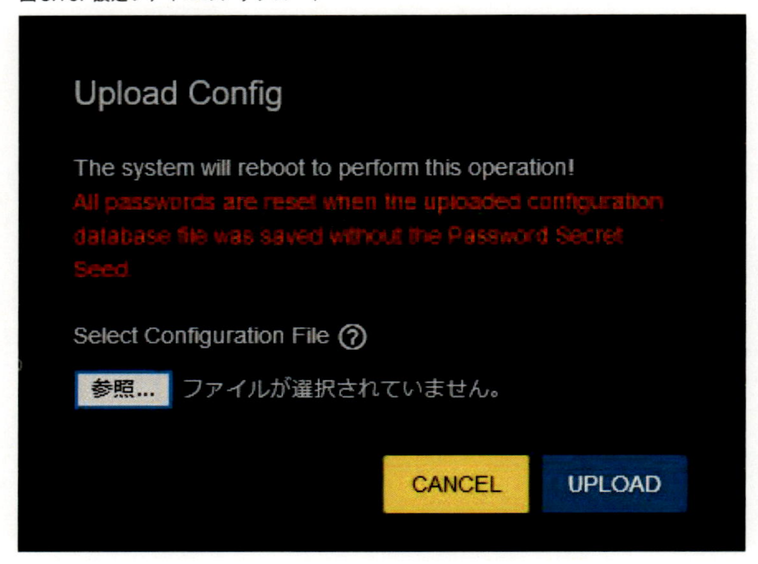

アップロード後、自動的に再起動します。起動後は全ての構成がもとに戻り、データディスクも無事マウントされます。この通り、非常に簡単に復元できることがお分かりになるかと思います。このように容易に環境を戻せることも、FreeNAS導入の大きなメリットでしょう！

5.4 WebGUIをHTTPSに対応させる

FreeNASでは、独自の認証局を構築し、証明書を発行することができます。これにより、WebGUIのHTTPS化が行えます。新規でFreeNASで認証局立てて、証明書を発行しても良いですし、別に用意している証明書をインポートして利用することもできます。今回は、認証局を立てて、証明書を発行します。

認証局のページへ遷移します。

```
System > CAs
```

5.4.1 認証局を立てる

まずは、認証局を構成します。各項目の詳細については、証明書に関する知識が必要となりますので、詳細は別途確認をお願いします。「ADD」をクリックします。

図5.11: 独自認証局の設定

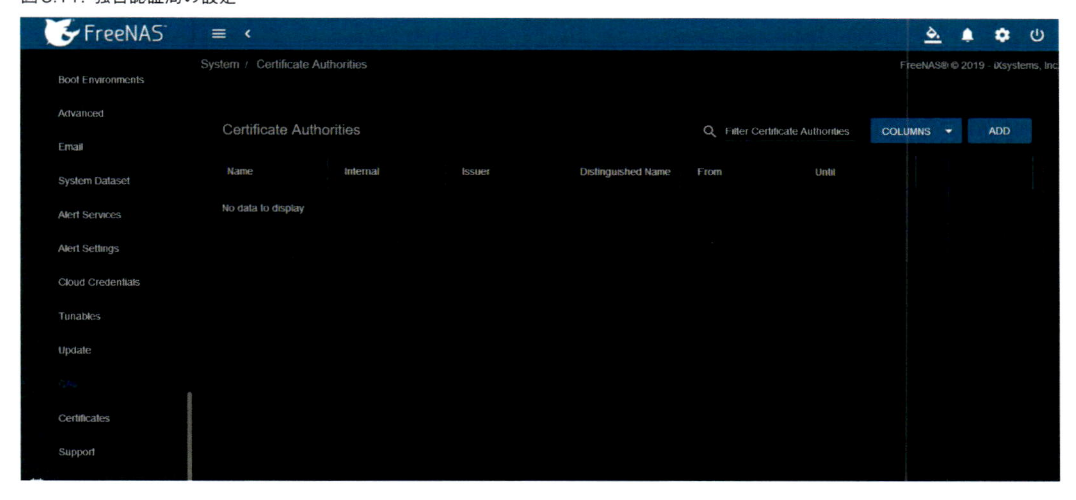

図5.12: 独自認証局の追加

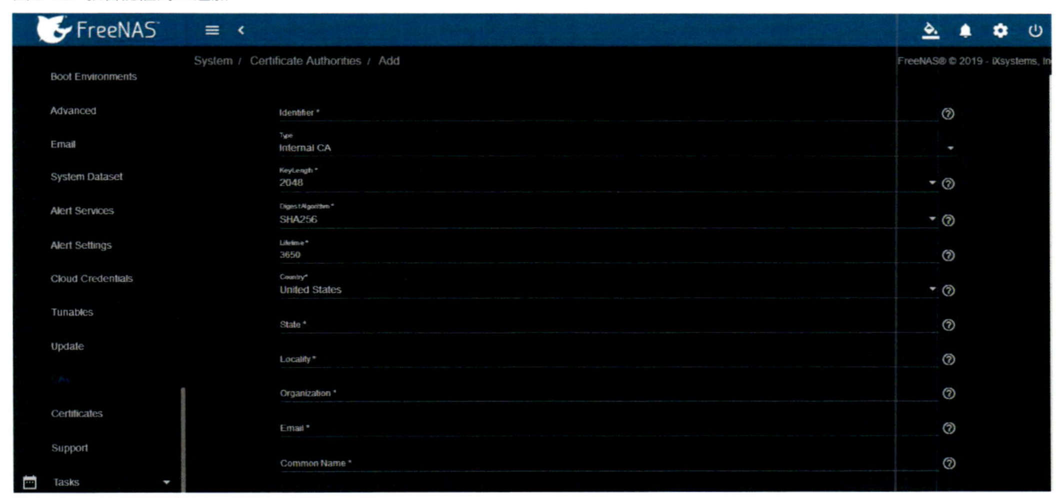

5.4.1.1　Identifier

認証局の名前を入力します。英数字、アンダースコア(_)、ダッシュ(-)が利用できます。

5.4.1.2　Type

認証局のタイプを選択します。「Internal CA」は内部CAと呼ばれる組織内でのみ利用される認証局。「Intermediate CA」は中間認証局といい、別の認証局によって認証された認証局を構成します。「Import CA」では既存の証明書や秘密鍵を読み込みます。基本的には「Internal CA」を選択することになります。

5.4.1.3　KeyLength

証明書をハッシュ化するときの鍵のBit数を指定します。最低でも2048以上であることが推奨されています。

5.4.1.4　Digest Algorithm

ハッシュ化する際のアルゴリズムを指定します。一般的に「SHA256」を選択していて間違いありません。

5.4.1.5　Lifetime

認証局の有効期限を指定します。ここに指定した日数を超えると証明書が無効になります。内部CAであれば、10年で指定されることが多いです。デフォルトの3650は10年を指します。

5.4.1.6　Country

国を指定します。

5.4.1.7　State

都道府県を指定します。

5.4.1.8　Locality

市町村を指定します。

5.4.1.9　Organization

組織を指定します。

5.4.1.10　Email

証明書に関する連絡先としてのメールアドレスを指定します。

5.4.1.11　Common Name

証明書を利用して接続するシステムのFQDN(完全装飾ドメイン名)を記入します。これは、発行される証明書はすべて同一である必要があります。

5.4.1.12　Subject Alternate Names

Common Nameとは別に、証明書を利用できるFQDNを指定できます。なお、Google Chrome58以降はCommon Nameが評価されなくなったため、「Subject Alternate Names」に同一のものを指定することで評価されます。

5.4.1.13　Certificate

「Import CA」を選択したときに利用します。既存の証明書をここに貼り付けます。

5.4.1.14　Private Key

「Import CA」を選択したときに利用します。既存の証明書に紐づく秘密鍵をここに貼り付けます。

5.4.1.15 Passphrase

証明書に対するパスフレーズを入力します。

5.4.1.16 適用する設定

次の通り設定を変更し、「SAVE」をクリックします。

- Identifier: freenas-ca
- Type: Internal CA
- Country: Japan
- State: Tokyo
- Locality: Shinjuku
- Organization: sample-org
- email: test@example.com
- Common name: freenas.example.com
- Subject Alternate Names: freenas.example.com

5.4.2 証明書を発行する

無事、認証局が作成出来たので、更に証明書を作成します。「Certificate」へ遷移します。

```
System > Certificates
```

図5.13: 独自証明書の設定

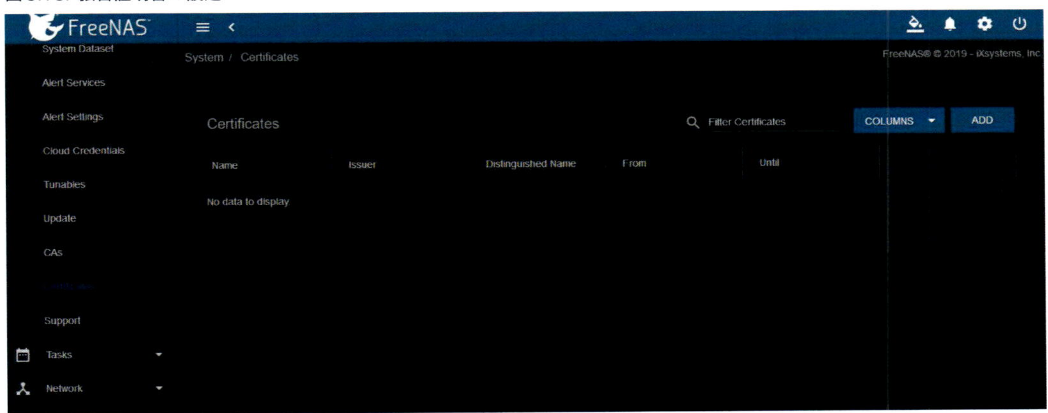

「ADD」をクリックして新たに証明書を発行します。各項目は、多くはCAsでの作成と同じです。

図5.14: 独自証明書の追加

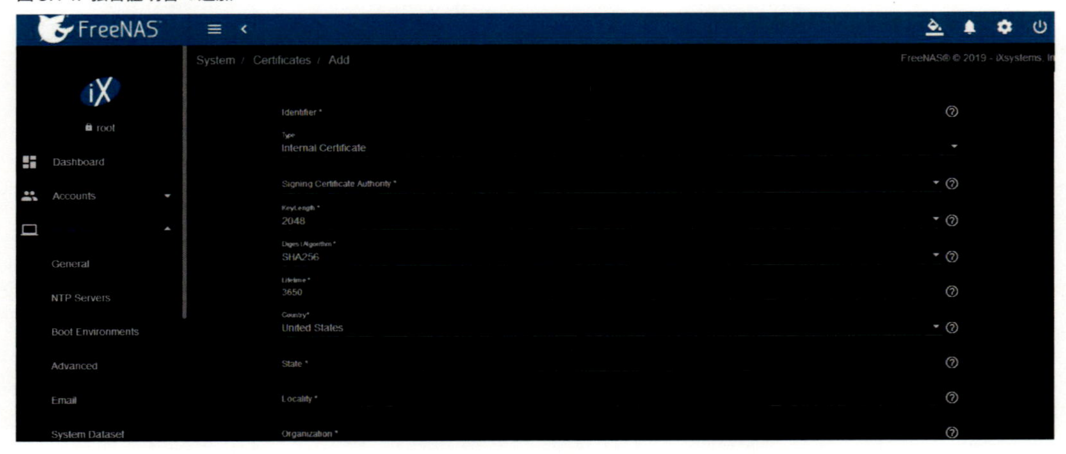

5.4.2.1　Type

「Internal Certificate」では内部証明書として新規に作成します。「Certificate Signing Request」では、作成した証明書に別の認証局に対して認証のリクエストを送ることのできる証明書を発行します。「Import Certificate」では既存の証明書をインポートします。内部証明書として利用する際は、「Internal Certificate」を選択していて間違いありません。

5.4.2.2　Signing Certificate Authority

認証局を選択します。これはFreeNASの「System > CAs」に登録した中から選択できます。作成した「freenas-ca」を選択しましょう。

5.4.2.3　適用する設定

次の通り設定を変更し、「SAVE」をクリックします。

- Identifier: freenas-cert
- Type: Internal Certificate
- Signing Certificate Authority: freenas-ca
- Country: Japan
- State: Tokyo
- Locality: Shinjuku
- Organization: sample-org
- email: test@example.com
- Common name: freenas.example.com
- Subject Alternate Names: freenas.example.com

これで認証局と証明書の作成ができました。また、今回作成したものは自己証明書ですので、そのままではブラウザーからエラーが出てしまいます。そこで、クライアントPCに証明書をインストールする必要があります。

証明書のインポートを行うには、「Certificate」のページにて、作成した証明「freenas-cert」のメニューから「Export Certificate」をクリックします。

図5.15: 証明書のエクスポート

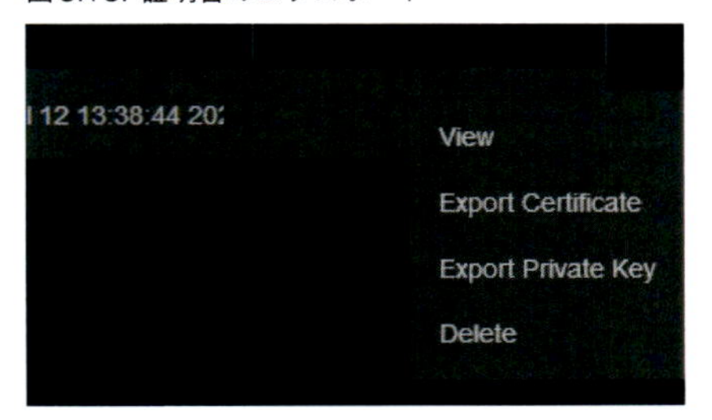

Windowsであれば、証明書を開いた全般タブで、「証明書のインストール」をクリックし、インストールを行いましょう。これで、OSの証明書ストアに登録されました。

5.4.3 証明書を適用する

作成した証明書をFreeNASのウェブサーバーに適用します。設定を行うために「基本設定」のページへ移動します。

```
System > General
```

次の2点を変更します。

5.4.3.1 Protocol

WebGUIのプロトコルを選択します。デフォルトでは「HTTP」となっているので、「HTTP+HTTPS」もしくは「HTTPS」に変更します。「HTTP+HTTPS」ではいずれのプロトコルでもアクセスでき、「HTTPS」ではHTTPの接続はHTTPSにリダイレクトされます。

なお、「HTTPS」を選択した場合、証明書に誤りがあり接続できなかった場合に、WebGUIからロックアウトされてしまう可能性があるため、まずは「HTTP+HTTPS」とし、接続が確認できてから「HTTPS」に切り替えることをおすすめします。

5.4.3.2 GUI SSL Certificate

適用する証明書を選択します。ここには、先程作成した証明書「freenas01-cert」がありますので、それを選択しましょう。

図5.16: 証明書の適用

プロトコル: HTTP+HTTPS

Certificate: freena01-cert

全て入力後、「SAVE」をクリックします。設定を適用するためにWebサーバーの再起動が必要になります。警告が表示されますので、CONTINUEをクリックしてWebサービスを再起動します。

図5.17: Webサーバーの再起動

Restart Web Service

The web service must restart for the protocol changes to take effect. The UI will be temporarily unavailable. Restart the service?

Confirm

CANCEL

CONTINUE

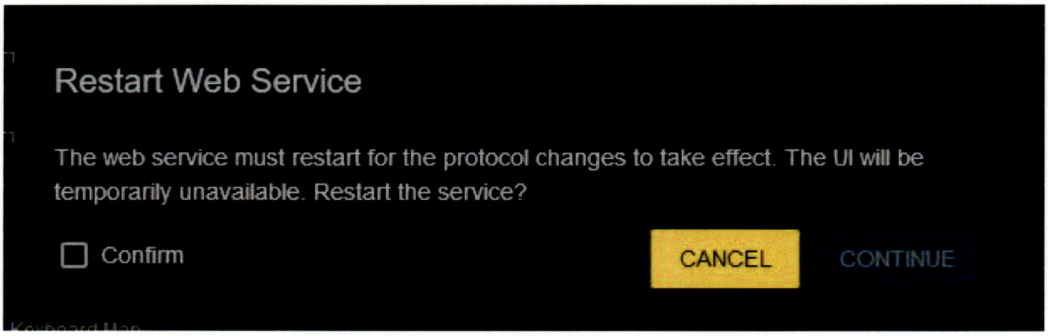

画面がリロードし、「HTTP+HTTPS」を選択した場合はそのままHTTPで接続されています。アドレスバーを編集し、HTTPSに変更してHTTPSにて接続できることを確認しましょう。

これでWebGUIのHTTPS対応は完了です。

5.5 仮想マシンを構築する

FreeNASでは、FreeNAS上に仮想マシンを構築することができます。意外かもしれませんが、FreeNASに限らず市販のNAS製品でも仮想マシンを構築することができる製品が増えてきています。

今回は、そんな仮想マシンを実行させる方法をご紹介します。なお、本書でご紹介している「Oracle VirtualBox」で稼働させるためには、「Nested VM」という仮想化の仮想化機能を有効にする必要になります。これは全ての環境で利用できるわけではなく、また、Nested VMを利用するだけのリソースが用意できないという理由もあると思います。そのため、仮想マシン機能を利用する際は、物理のPCやサーバーなどに直接FreeNASをインストールした上で実行することをおすすめします。

5.5.1 FreeNASの仮想マシンの使い方

本書でも使用している「Oracle VirtualBox」も仮想マシンを構築するためのソフトウェアのひとつです。他にも、ハイパーバイザー型仮想化と呼ばれる「VMware ESXi」や「KVM」など現在は多くの仮想化ソリューションがあります。その中でFreeNASの仮想化機能は、決して高機能というわけではありません。より柔軟な構成を構築しようとするならば、前述の製品が最適です。では、FreeNASの仮想マシンはどのように使用するのが良いのでしょうか？

単に「仮想マシンがほしい」というシンプルなニーズを叶えるにはFreeNASの仮想マシンは適しているでしょう。複雑な構成は使用せず、既存のネットワークに接続した数台の仮想マシンをとりあえず動かしたい。そんな用途に最適です。例えば、自宅内のDNSサーバーやネットワークブートを行うためのPXEサーバーなどです。これらは、電気代を気にする自宅では、常時稼働しているNASで動かすのが最適でしょう。

逆に、FreeNASの仮想マシンが得意としない構成としては、仮想ネットワークを利用した構成や、比較的リソースを多く使用するデスクトップ環境などです。こういった用途の場合は、先に挙げた専用のハイパーバイザーなどが最適です。

5.5.2 仮想マシン用ディスクを作成する

仮想マシンを作成するにあたって、まずは仮想マシンが利用する「仮想ディスク」を作成する必要があります。この仮想ディスクを、FreeNASでは「Zvol」といいます。そして、Zvolはデータセット内に作成されます。任意のデータセットを選択し、メニューから「Add Zvol」を選択します。

図5.18: Zvolを作成する

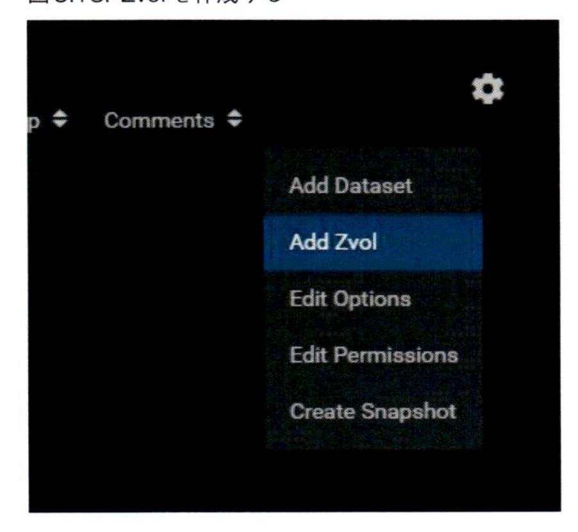


```
Storage > Pools > 任意のデータセットのメニュー > Add Zvol
```

図5.19: Zvolの作成

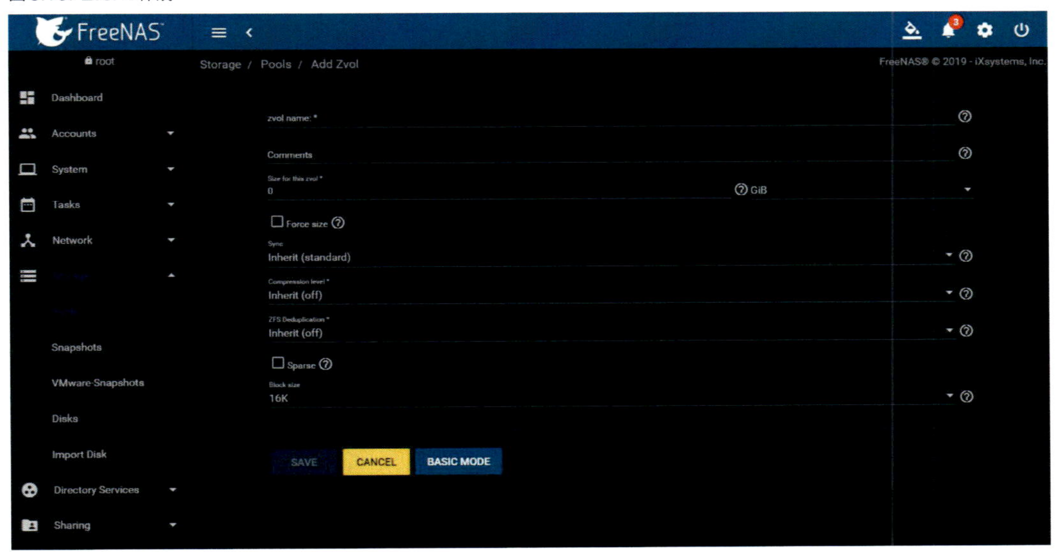

5.5.2.1　zvol name

Zvolの名前を指定します。なお、63文字を超える名前は利用できないことがあります。

5.5.2.2　Comments

作成するZvolに対してコメントを記入できます。

5.5.2.3　Size for this zvol

Zvolのサイズを指定します。この値が仮想ディスクのサイズになります。指定した容量が、作成後にデータセット内で利用可能な80％を超える場合は作成できません。

5.5.2.4　Force size

「Size for this zvol」で指定した容量が、作成後にデータセット内で利用可能な容量を80％を超える場合、通常は作成できませんが、この設定を有効にすることで作成できるようになります。この設定を有効にすることは非推奨です。

5.5.2.5　Sync

データ書き込み同期を設定します。これは、データセットの作成と同様です。

5.5.2.6　Compression level

データの圧縮を選択します。これは、データセットの作成と同様です。

5.5.2.7　ZFS Deduplication

データの重複排除を設定します。これは、データセットの作成と同様です。

5.5.2.8　Sparse

この設定を有効にすると、ディスクはシン・プロビジョニングとなります。シン・プロビジョニングでは、仮想マシン内で使用したディスクの容量だけFreeNASのディスクが使用されます。プールの空き容量が不足すると、書き込みエラーになるので注意が必要です。

5.5.2.9　Block size

ディスクのブロックサイズを指定します。

5.5.2.10　適用する設定

- zvol name : test-machine
- Size for this zvol : 20GiB

5.5.3　仮想マシンを作成する

続けて、仮想マシンを作成します。仮想マシンを作成するために、「Virtual Machines」のページへ移動します。現在は仮想マシンが作成されていないため、「ADD」をクリックして作成します。

```
Virtual Machines
```

Virtual Machinesのページでは、仮想マシンの管理を行えます。

図5.20: Virtual Machinesのページ

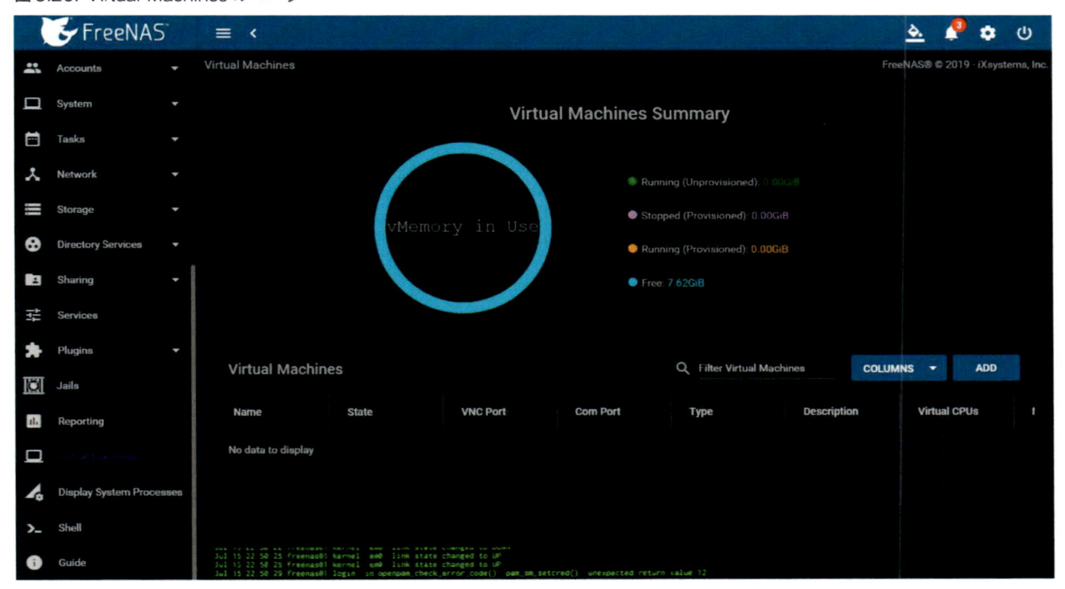

仮想マシンはウィザードで作成します。

5.5.3.1 Virtual Machine Wizard type

図5.21: 仮想マシンタイプの選択

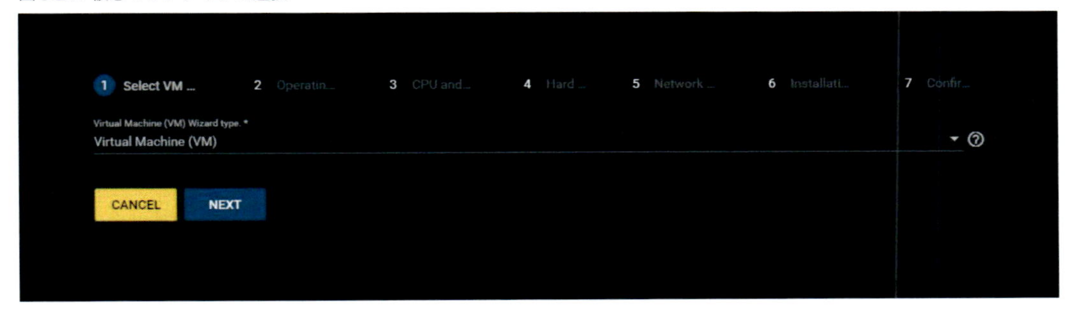

VMの種類を選択します。VMの種類には次のふたつがあります。

- Virtual Machines(VM)
- Docker Host

Virtual Machineでは仮想マシンを作成しますが、なんと「Docker Host」ではDockerのホストとして「Rancher」をインストールして使うことができます。本書では紹介しませんが、ぜひ気になる方は公式のマニュアルに手順があるので、そちらを参考に触ってみてはいかがでしょうか。

- https://www.ixsystems.com/documentation/freenas/11.2-U5/virtualmachines.html#dockerhost-vms

5.5.3.2　適用する設定

マシンタイプを選択して、「NEXT」をクリックします。

・Virtual Machine (VM) Wizard type : Virtual Machine (VM)

稼働させる仮想マシンのOSに関する設定をします。

図5.22: 仮想マシンのOS設定

5.5.3.3　Guest Operating System

OSの種類を選択します。次の中から近いものを選択します。

・Windows

・Linux

・FreeBSD

5.5.3.4　Name

仮想マシンの名前を指定します。英数字とアンダースコア(_)が利用できます。

5.5.3.5　Boot Method

仮想マシンの起動方式を選択します。比較的新しいOSであれば「UEFI」を選択します。古いOSやUEFIを利用できないOSでは「UEFI-CSM」(互換性サポートモード)を選択します。なお、後述する「Enable VNC」はUEFIの場合のみ利用できます。

5.5.3.6　Start on Boot

FreeNASの起動時に仮想マシンも起動する場合はこの設定を有効にします。

5.5.3.7　Enable VNC

VNC接続を有効にします。

5.5.3.8 Bind

この設定は「Enable VNC」が有効の場合に表示されます。VNC接続時のアドレスを指定します。

5.5.3.9 適用する設定

- Name : test_machine
- Boot Method : UEFI
- Start on Boot : 有効
- Enable VNC : 有効
- Bind : 任意のNICのIPアドレス

続けて、仮想マシンのスペックを指定します。

図5.23: 仮想マシンのスペック設定

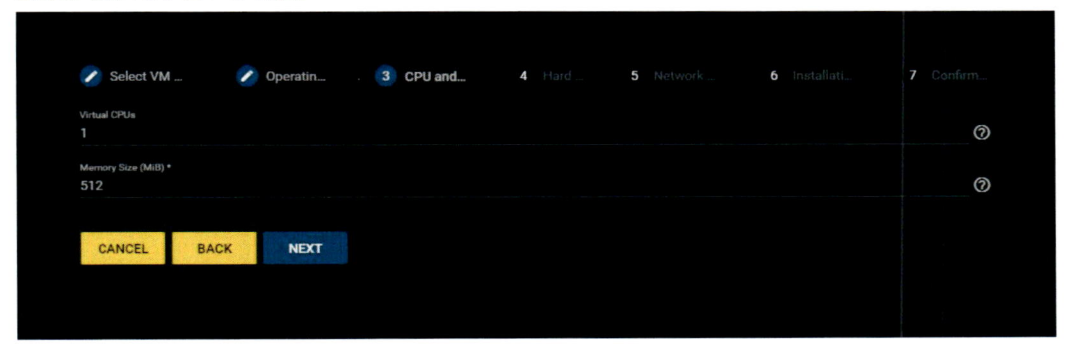

5.5.3.10 Virtual CPUs

仮想CPUの個数を指定します。ホストのCPUに別途制限がなければ、16が上限です。

5.5.3.11 Memory Size (MiB)

仮想マシンのメモリーサイズを指定します。

5.5.3.12 適用する設定

- Virtual CPUs : 1
- Memory Size : 512 MiB

仮想マシンのディスクを構成します。

図5.24: 仮想マシンのディスク設定

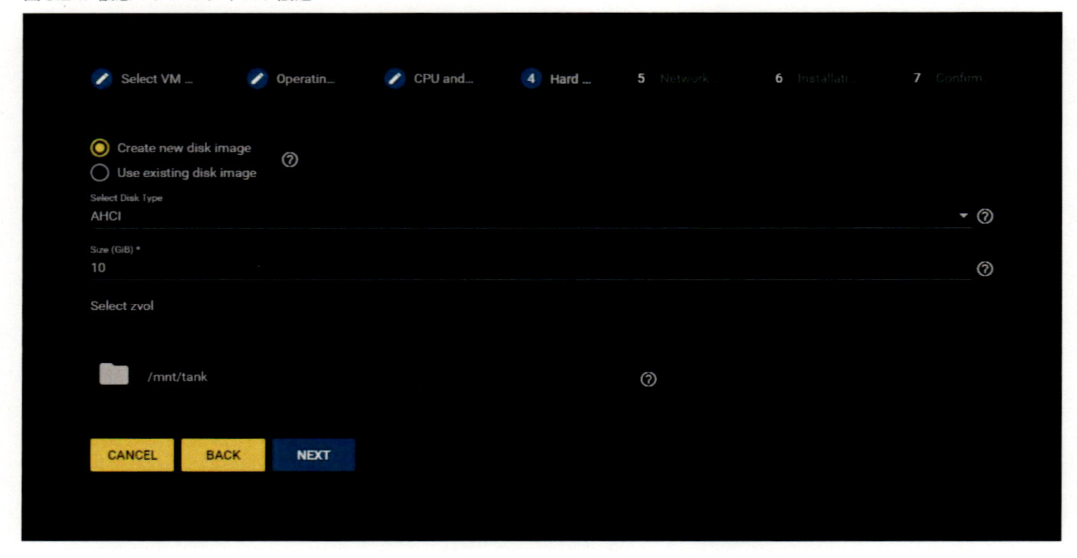

5.5.3.13　Create new disk Image

新たにディスクを作成します。ここでいうディスクは、先ほど作成したZvolです。今回は事前に作成を行ったので、こちらは選択しません。

・Size

　―この設定は「Create new disk image」を選択した場合に表示されます。作成するディスクのサイズを指定します。

5.5.3.14　Use existing disk image

すでに作成されたディスクを選択します。

5.5.3.15　Select Disk Type

ディスクの接続方式を指定します。

「AHCI」は互換性を重視したAHCIハードディスクをエミュレートします。WindowsのVMに推奨されます。

「VirtIO」は準仮想化ドライバを利用し、高パフォーマンスを実現できますが、仮想マシンのゲストOSがドライバをサポートしている必要があります。

5.5.3.16　Select zvol

ディスクの格納先を指定します。

「Create new disk image」を選択した場合は作成するディスクの格納先を、「Use existing disk image」を選択した場合は既存のディスクを指定します。

5.5.3.17　適用する設定

- Use existing disk image
- Select Disk Type : VirtIO
- Select zvol : 事前に作成したディスクの格納先

ネットワークインタフェースの設定を行います。

図5.25: 仮想NICの設定

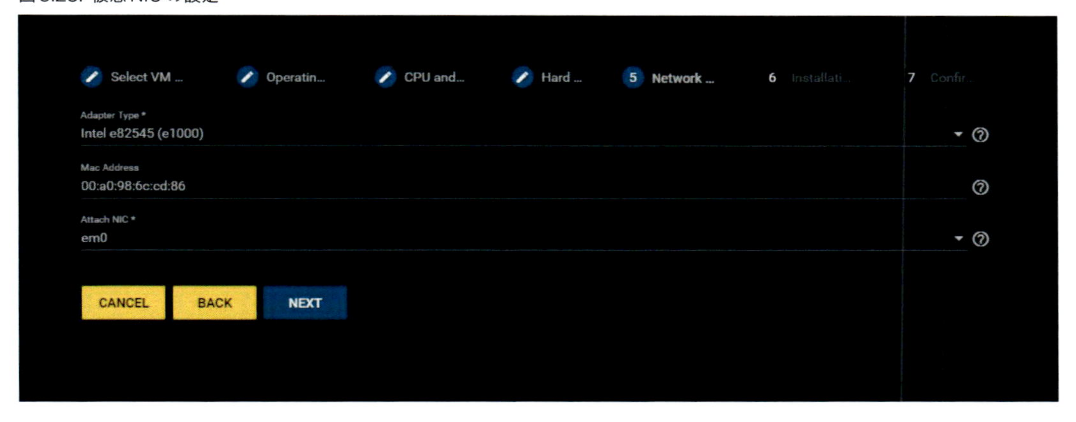

5.5.3.18　Adapter Type

NICをエミュレーションする方式を選択します。

「Intel e82545(e1000)」はIntelイーサネットカードをエミュレーションします。高い互換性を持ちます。

「VirtIO」は準仮想化ドライバを利用し、高パフォーマンスを実現できますが、仮想マシンのゲストOSがドライバをサポートしている必要があります。

5.5.3.19　Mac Address

デフォルトでは自動生成されたランダムなMACアドレスを利用しますが、任意で変更が可能です。

5.5.3.20　Attach NIC

仮想マシンに接続する物理NICを指定します。

> **FreeNASの仮想マシンのネットワーク接続**
>
> FreeNASの仮想マシンでは、高度な仮想ネットワークを構築することはできません。FreeNASが接続している外部ネットワークと仮想マシンを接続する「ブリッジ接続」のみが利用できます。
>
> そのため、「Attach NIC」で設定するNICと同一のネットワークの利用可能なIPアドレスを仮想マシンに設定することで、ネットワークに接続されます。

5.5.3.21　適用する設定

・Adapter Type : VirtIO

・Attach NIC : 利用する物理NIC

最後に、インストールイメージを指定します。今回は事前にFreeNASに保存済みのイメージを使用します。

図5.26: インストールイメージの指定

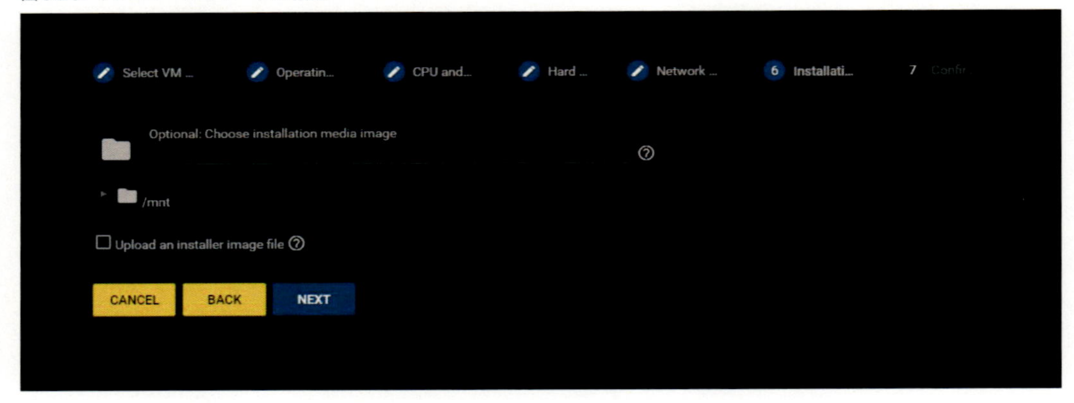

5.5.3.22　Optional: Choose installation media image

FreeNAS上に保存されているディスクイメージを使用する場合は、ここから指定します。

5.5.3.23　Upload an installer image file

FreeNASに接続している、手元のPCのファイルを利用する場合は、この設定を有効にします。

5.5.3.24　ISO save location

この設定は「Upload an installer image file」が有効の場合に表示されます。アップロードしたファイルの保存先を指定します。

5.5.3.25　ISO upload location

この設定は「Upload an installer image file」が有効の場合に表示されます。ファイルをアップロードします。

5.5.3.26　適用する設定

・Optinal: Choose installation media image : 保存されたISOイメージを指定

すべて設定が完了したら、次の「VM Summary」ページで確認の上、「SUBMIT」をクリックして仮想マシンを作成します。

仮想マシンが作成すると、図5.27のように仮想マシンが作成されます。このとき、「Enable VNC」が有効であれば、「VNC Port」列にポート番号が表示されます。このポート番号と、「Bind」で指定したポートでVNC接続ができます。

図5.27: 作成された仮想マシン

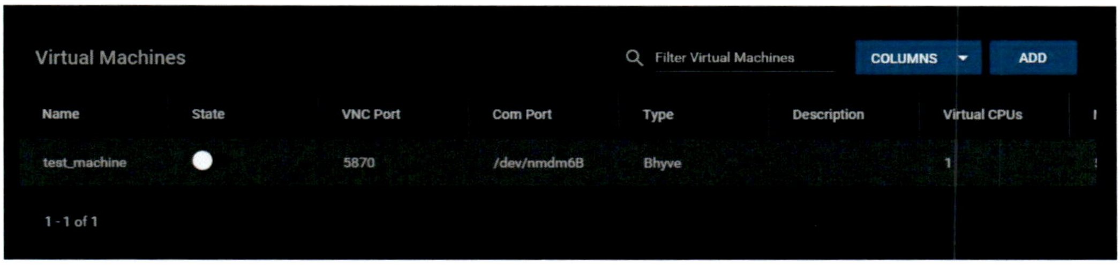

Virtual Machines

Filter Virtual Machines COLUMNS ADD

Name	State	VNC Port	Com Port	Type	Description	Virtual CPUs
test_machine		5870	/dev/nmdm6B	Bhyve		1

1 - 1 of 1

作成直後は仮想マシンの電源はオフです。「State」のトグルスイッチを切り替えることで、電源をオンにできます。早速電源をオンにしてみましょう。

トグルスイッチを切り替えると、確認のプロンプトが出てきます。「POWER ON」をクリックして起動してみましょう。

図5.28: 起動の確認プロンプト

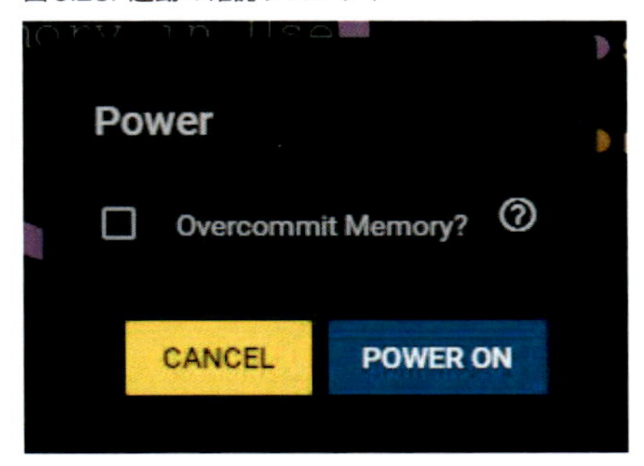

仮想マシンをする際に、メモリーのオーバーコミットを有効にすることができるチェックボックスがあります。

5.5.3.27　Overcommit Memory

メモリーのオーバーコミットを許容する場合は有効にします。

オーバーコミットとは、例えばFreeNAS上に16GBのメモリーが搭載されている場合に、それを超える容量の仮想マシンを起動するかどうかというものです。この設定が無効の状態で、起動する仮想マシンのメモリーと現在利用しているメモリーの合計が、FreeNASの搭載しているメモリー量を超える場合は起動に失敗します。

今回は「VNC Viewer」を利用して仮想マシンに接続してみます。

図5.29: 仮想マシンにVNC接続する

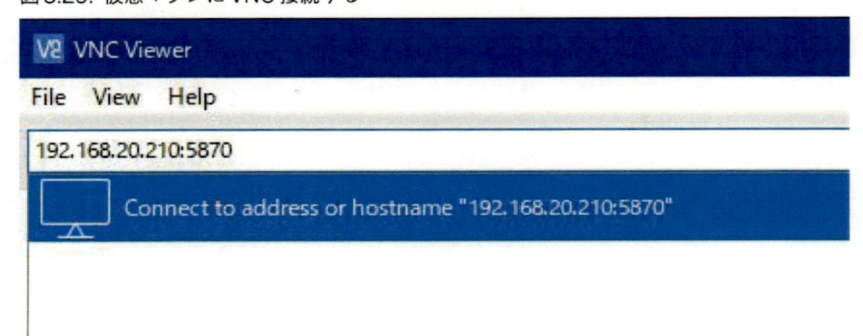

接続すると、暗号化されていないため警告が出ます。問題ないため、「Continue」で接続します。

図5.30: デフォルトでは暗号化されていないため警告が出る

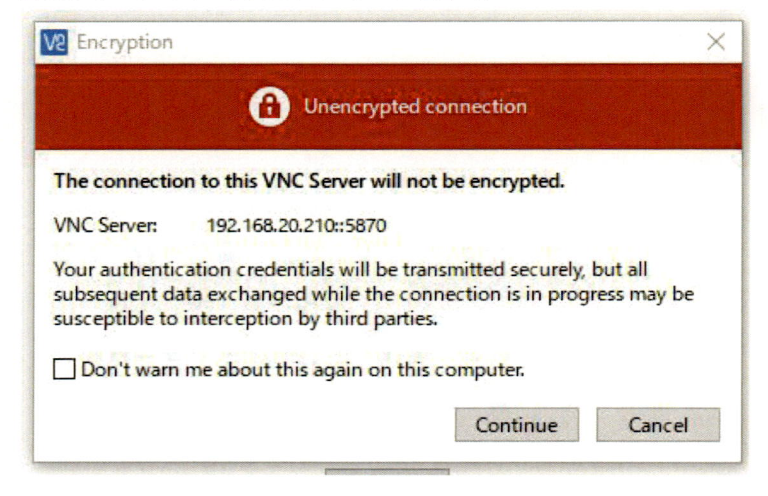

手順,設定が問題なければ、図5.31ようにインストーラーが起動します。

図5.31: 仮想マシンを起動できたのが確認できる

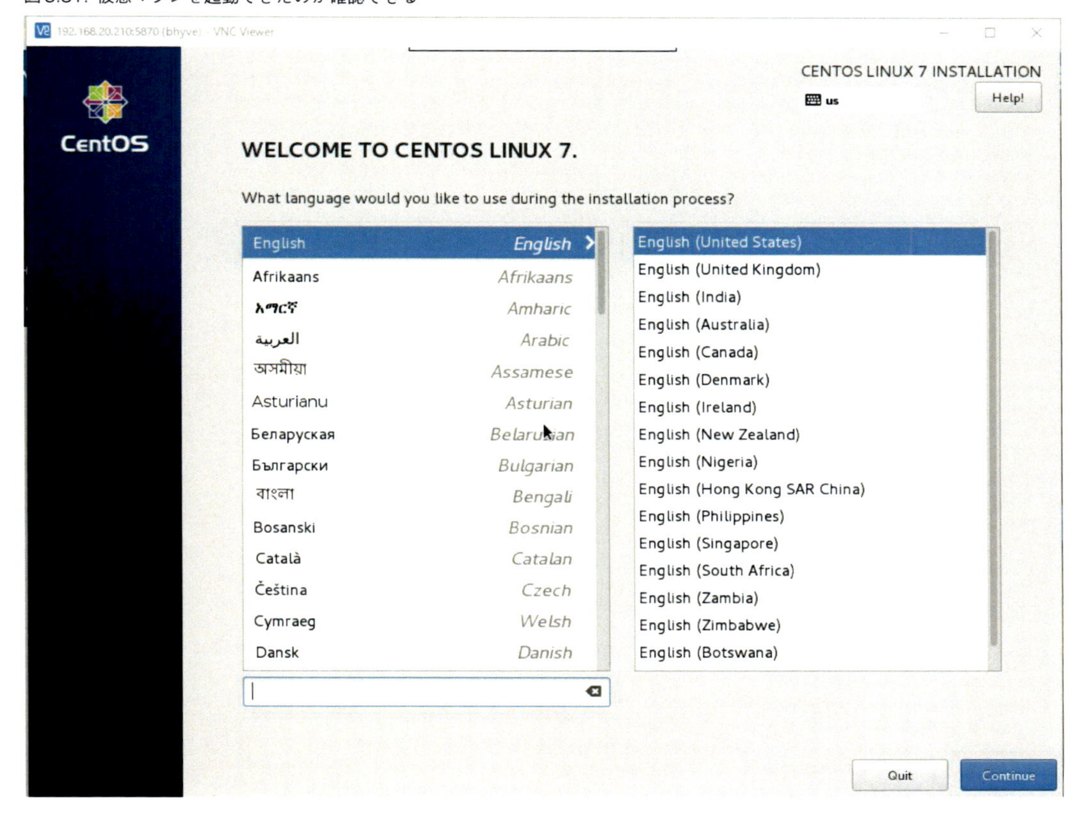

あとは、通常のOSと同じようにインストールすれば利用できます。

なお、仮想マシンの設定は作成された仮想マシンのメニューから変更できます。CPUやメモリーなどのリソースは「EDIT」から変更できます。その他、ディスクやVNC接続に関する設定は「DEVICE」から変更できます。

図5.32: 仮想マシンのメニュー

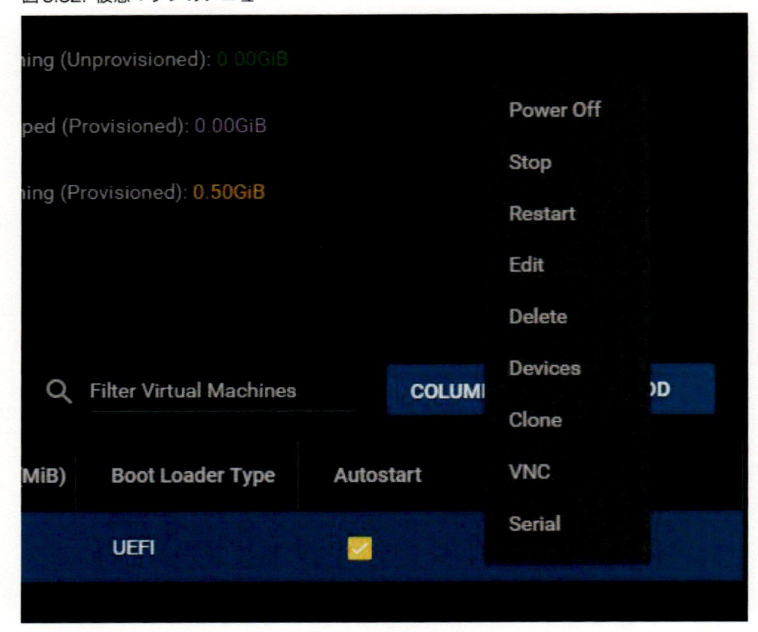

以上で仮想マシンの作成が完了しました！

いかがでしょう。比較的簡単に仮想マシンを構築することができたと思います。決して高機能ではありませんが、シンプルに仮想マシンが欲しい場合は非常に役に立つでしょう。

また、FreeNAS自身がファイルサーバーであるため、FreeNASの特定のディレクトリを仮想マシンにマウントさせ、別の形でファイルを共有したり、ファイルを加工するというようなことも可能です。ぜひ、様々な方法で仮想マシンを利用してみてください。

終わりに

本書は、前身となった同人誌版と同じく、多くの方にFreeNASを知ってもらうきっかけになればと執筆しました。また、今回は「FreeNAS11.2-U5」を取り上げており、ここまで詳細に解説した日本語の書籍というのは本書だけではないでしょうか？

ぜひ、本書を通してFreeNASというものを知り、実際に構築してみてください。クラウド全盛期のこの時代にNASなんて、と思われる方もいらっしゃるかもしれませんが、特に大容量、大量のファイルを保存しておくには現代においてもNASがその役割を担っています。ぜひ、まずは触ってみていただき、FreeNASの世界を体験していただけると幸いです。

そして、その体験で得た感動や失敗を是非ブログなどで公開してみてください。こういった情報はOSSの発展を支えていく上で非常に重要で、使われていることをどんどん表に出していくことで、開発者もモチベーション高く取り組むことができるのです。

本書を読み終えてFreeNASを構築し終えたあと、ぜひ一言Twitterなどで感想などを発信していっていただけると嬉しいです。

著者紹介

仲亀 拓馬（なかがめ たくま）

新卒でSIerに就職し、2年間自社データセンターの仮想基盤の運用構築を経験の後、国産クラウドサービスプロバイダーへ転職。SIerでFreeNASを新規に設計・構築・運用を行った経験を活かし本書を執筆。普段はKubernetesやPrometheusなどのCloud Nativeな技術も触りつつ、休日は自宅サーバーのメンテナンスを行う程度にはインフラが好き。
Twitter: @kameneko1004

◎本書スタッフ
アートディレクター/装丁：岡田章志＋GY
編集協力：飯嶋玲子
デジタル編集：栗原 翔

〈表紙イラスト〉
ウエノ ミオ
本業はフロントエンドエンジニアなイラストレーター。可愛い系のキャラクターイラストから漫画調のイラストまで雑食に描きます。イラストのご依頼等はサイトのフォームかTwitterのDMからご連絡ください。
Web: https://cre30r0ad.wixsite.com/mt-yoroduya
Twitter: https://twitter.com/mio_U_M

技術の泉シリーズ・刊行によせて

技術者の知見のアウトプットである技術同人誌は、急速に認知度を高めています。インプレスR&Dは国内最大級の即売会「技術書典」（https://techbookfest.org/）で頒布された技術同人誌を底本とした商業書籍を2016年より刊行し、これらを中心とした『技術書典シリーズ』を展開してきました。2019年4月、より幅広い技術同人誌を対象とし、最新の知見を発信するために『技術の泉シリーズ』へリニューアルしました。今後は「技術書典」をはじめとした各種即売会や、勉強会・LT会などで頒布された技術同人誌を底本とした商業書籍を刊行し、技術同人誌の普及と発展に貢献することを目指します。エンジニアの"知の結晶"である技術同人誌の世界に、より多くの方が触れていただくきっかけになれば幸いです。

株式会社インプレスR&D
技術の泉シリーズ　編集長　山城 敬

●本書の内容についてのお問い合わせ先
株式会社インプレスR&D　メール窓口
np-info@impress.co.jp
件名に「『本書名』問い合わせ係」と明記してお送りください。
電話やFAX、郵便でのご質問にはお答えできません。返信までには、しばらくお時間をいただく場合があります。
なお、本書の範囲を超えるご質問にはお答えしかねますので、あらかじめご了承ください。
また、本書の内容についてはNextPublishingオフィシャルWebサイトにて情報を公開しております。
https://nextpublishing.jp/

●落丁・乱丁本はお手数ですが、インプレスカスタマーセンターまでお送りください。送料弊社負担にてお取り替えさせていただきます。但し、古書店で購入されたものについてはお取り替えできません。
■読者の窓口
インプレスカスタマーセンター
〒 101-0051
東京都千代田区神田神保町一丁目 105番地
TEL 03-6837-5016／FAX 03-6837-5023
info@impress.co.jp
■書店／販売店のご注文窓口
株式会社インプレス受注センター
TEL 048-449-8040／FAX 048-449-8041

技術の泉シリーズ

0から始める！簡単！FreeNAS構築チュートリアル！

2019年10月18日　初版発行Ver.1.0（PDF版）

著　者　仲亀 拓馬
編集人　山城 敬
発行人　井芹 昌信
発　行　株式会社インプレスR&D
〒101-0051
東京都千代田区神田神保町一丁目105番地
https://nextpublishing.jp/
発　売　株式会社インプレス
〒101-0051　東京都千代田区神田神保町一丁目105番地

印刷・製本　京葉流通倉庫株式会社
Printed in Japan

ISBN978-4-8443-9828-8

NextPublishing®
●本書はNextPublishingメソッドによって発行されています。
NextPublishingメソッドは株式会社インプレスR&Dが開発した、電子書籍と印刷書籍を同時発行できるデジタルファースト型の新出版方式です。 https://nextpublishing.jp/

ISBN978-4-8443-9828-8
C2055　¥1800E

価格　1800円+税
本書は書店などでの販売価格を拘束していません。

発行：株式会社インプレスR&D
発売：株式会社インプレス

An impress Group Company

株式会社インプレスR&D

インプレスR&D［NextPublishing］

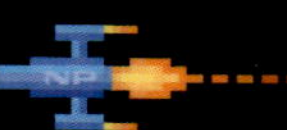

技術の泉 SERIES
E-Book / Print Book

Try PWA

渋田 達也 著

PWAの概要と実装を理解して Web Pushまでを実現！

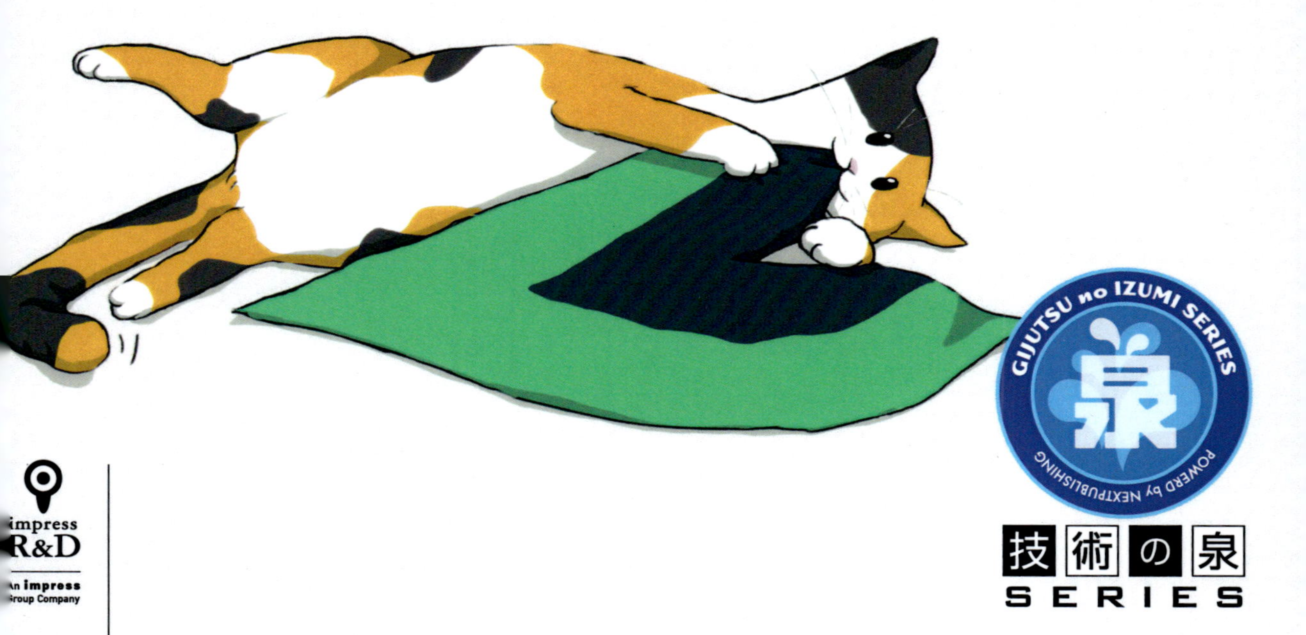

impress R&D
An impress Group Company

技術の泉 SERIES